CO_2 捕集与封存技术 **100** 问

《CO_2 捕集与封存技术 100 问》编写组　编著

中国环境出版社 · 北京

图书在版编目（CIP）数据

CO2 捕集与封存技术 100 问 /《CO2 捕集与封存技术
100 问》编写组编著 .—北京：中国环境出版社，2016.9
ISBN 978-7-5111-2874-4

Ⅰ.① C… Ⅱ.① C… Ⅲ.①二氧化碳－收集－问题解
答②二氧化碳－储存－问题解答 Ⅳ.① X701.7-44

中国版本图书馆 CIP 数据核字（2016）第 170082 号

出 版 人　王新程
责任编辑　李卫民
责任校对　尹　芳
封面设计　岳　帅
内文排版　杨曙荣

出版发行　中国环境出版社
　　　　　（100062 北京市东城区广渠门内大街16号）
　　　　　网　　　址：http://www.cesp.com.cn
　　　　　电子邮箱：bjgl@cesp.com.cn
　　　　　联系电话：010-67112765（编辑管理部）
　　　　　　　　　　010-67112735（第一分社）
　　　　　发行热线：010-67125803　010-67113405（传真）
印　　刷　北京盛通印刷股份有限公司
经　　销　各地新华书店
版　　次　2016年9月第1版
印　　次　2016年9月第1次印刷
开　　本　787×1092　1/16
印　　张　4.75
字　　数　90千字
定　　价　28.00元

编写组成员

高　林　黄　斌　胥蕊娜　邹乐乐　尹　乐

李　胜　朱　磊　郭敏晓　安洪光　佟义英

陈　济　曾荣树　王　灿　张九天　白　冰

感　谢

　　本书的出版是在全球碳捕集与封存研究院（GCCSI）的支持下完成的。本书在编写和出版过程中，还得到了亚洲开发银行（ADB）、世界银行（WB）、陕西延长石油（集团）有限责任公司研究院等机构的大力支持与帮助，在此深表感谢。

序

全球气候变化是人类可持续发展最为严峻的挑战之一，削减二氧化碳排放以减缓气候变化是各国面临的重大任务。近年来，碳捕集与封存（carbon capture and storage）作为一项具有大规模二氧化碳减排潜力的技术，受到国际社会的广泛关注，多个国家开展了CCS技术各个环节的研发，实施了一批有影响的示范项目，制定了有关政策、法规和标准，一些国家和国际组织还提出了未来全球CCS技术发展的时间表和路线图。

我国二氧化碳排放总量大，增长快，同时以煤为主的能源结构难以在短时间内得到根本改变，控制二氧化碳排放面临特殊困难。发展CCS技术，是基于我国现实国情有效控制二氧化碳排放的一项重要举措，并有助于实现煤、石油等高碳能源的低碳化、集约化利用，促进电力、煤化工、油气等高排放行业的转型和升级，带动其他相关产业发展，对我国中长期应对气候变化、推进低碳发展具有积极意义。

毋庸讳言，目前CCS技术的发展还存在一些困难和障碍，比如运行成本偏高、能耗较高、长期环境和安全风险不确定等，CCS距离大规模商业化应用还有很长的路要走。同时，由于气候变化问题和CCS技术本身的复杂性，目前各方对CCS技术的认识尚不够深入，包括对CCS技术存在不同程度的误解，对CCS技术在应对气候变化战略中能够发挥的作用还有不同的认识。所有这些，都使得当前决策者和公众对CCS的接受度尚不够高，还没有形成鼓励CCS发展的政策环境，与其他具有二氧化碳减排效果的项目相比，CCS 项目通常融资难度更大。今后，应当按照"立足国情、着眼长远、积极引导、有序推进"的方针，加大政策支持力度，通过进一步的技术研发、试验、示范不断提高 CCS 的技术水平、降低 CCS 项目的运行成本，建立 CCS 与其他减排技术的比较优势，充分释放 CCS 的二氧化碳减排潜力。

本书试图用一种通俗易懂、简便快捷、生动形象的方法介绍、观察、评估 CCS 技术，解答围绕 CCS 技术的一系列疑问，使大家更科学、更客观地了解 CCS 的方方面面，从而推动 CCS 技术在中国的健康有序发展。

国家发展与改革委员会

应对气候变化司副司长

李　高

2015 年 6 月 5 日

目 录

第 1 章　综合认识 CCS

引言：起步中的 CCS 技术

1896 年，诺贝尔化学奖得主、瑞典化学家阿伦尼乌斯（S. Arrhenius）提出气候变化的科学假设，认为"化石燃料燃烧将会增加大气中的 CO_2 浓度，从而导致全球变暖"。20 世纪 70 年代，欧美学者就提出了 CO_2 深海封存的概念。1996 年，联合国政府间气候变化专门委员会（IPCC）第二次评估报告正式提及碳捕集与封存（carbon capture and storage，CCS）技术，同年，在美国召开的第三届全球温室气体控制技术大会上，将 CO_2 捕集与封存技术作为保护气候的一种方案提出。2001 年，CCS 首次作为减少 CO_2 排放的主要手段而受到广泛的关注。《京都议定书》签订后，各发达国家意识到 CCS 技术对减排目标的重要性，开始将 CCS 技术纳入 CO_2 减排技术组合。2005 年，IPCC 发布的 CCS 特别报告中详细介绍了 CCS 技术，认为 CCS 技术是未来温室气体减排的重要手段之一。

从发展态势上来看，全球 CCS 技术发展可以概括为三个阶段：① 20 世纪 70 年代到 2005 年的蛰伏期，在这一阶段，所有商业运行 CCS 项目的 CO_2 气源均为天然气开采或化工生产，而 CO_2 埋存手段多为强化驱油（EOR）。可以说，这些项目的主要目的不是 CO_2 的捕集与埋存，而是天然气和石油开采，因此不能称为严格意义的 CCS 项目。② 2005—2010 年的高速启动期，由于 IPCC 特别报告的发布，CCS 技术广受关注，各方对 CCS 技术发展的期待稍显乐观。世界各国在这个阶段集中发布了各自的 CCS 技术发展规划或路线图。其中以欧盟为代表，2007 年启动的旗舰计划试图在 2015 年以前建设 12 座大规模示范工程。然而，自 2010 年起，由于受全球应对气候变化谈判进展缓慢以及全球经济危机暴发等因素的影响，每年都有示范项目计划被取消，仅有较少的项目得到落实。③ 2010 年以来的理性发展期，考虑到 CCS 技术 2020 年减排目标的预计完成度将低于 20%，国际能源署（IEA）于 2013 年发布修订版全球 CCS 技术路线图，降低了 CCS 占总减排量的份额（由 19% 降低到 1/6），将 2020 年预计示范项目数由 100 个减少为 30 个。而全球计划、在建和运行的大规模 CCS 示范项目总数一直维持在 70~80 个并以每年近 10 个项目的速度稳步增长，其中进展较为顺利的代表性示范项目为加拿大萨斯喀彻温省的边界大坝 100 万 t 级全流程示范项目。与 2010 年前的高速启动期相比，可以说目前全球 CCS 技术的进展渐渐趋于理性，各方正在重新认知 CCS 发展的难题与挑战。

CCS 是什么?

1. 什么是 CCS 技术? 有什么特点?

通俗地讲，CCS 是一种 CO_2 回收技术，通过将原本要排放到大气中的 CO_2 收集、运输和封存起来，以减少 CO_2 向大气的排放。

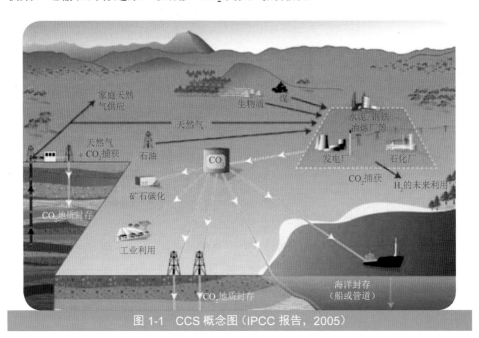

图 1-1 CCS 概念图（IPCC 报告，2005）

2005 年 IPCC 特别报告定义 CCS 为"从工业和能源相关的生产活动中分离 CO_2，运输到储存地封存，使 CO_2 长期与大气隔绝的一个过程"（图 1-1），这一表述包含以下几方面内容：

1）CCS 的范畴：CCS 是由 CO_2 捕集、运输和封存构成的系统，不是孤立的 CO_2 捕集或封存环节，因此考虑 CCS 技术应该系统全面。

2）捕集的对象（也称为"源"）：通常是大规模消耗化石能源的工业生产活动，如发电、冶金、水泥或化工等固定排放源；而人类其他活动排放的 CO_2

（如交通、农业甚至呼吸等）则由于量小且相对分散而不适于作为捕集对象。

　　3）CCS 需要具有规模性和时效性：CCS 需要在相当大的规模尺度上（数百万吨到数亿吨）和相当长的时间尺度上（数十年到数百年）阻止所捕集的 CO_2 排放到大气中。

　　与节能和利用可再生能源相比，CCS 的特点可以概括为如下几点（表 1-1）：

表 1-1　CCS 技术的特点

CCS 技术的特点	
实现直接减排 CO_2 的效果	节能与利用可再生能源通过减少化石燃料的使用来间接减排 CO_2，而 CCS 则直接回收化石燃料产生的 CO_2，效果直接
需要支付额外的能耗和成本	为了捕集、运输和封存埋藏 CO_2，不仅要在现有能源设施的基础上添加相应设备，还将额外消耗能量，为此，CCS 一般需要支付额外能耗和成本
兼容现有的化石能源利用技术	CCS 可以升级化石能源利用技术（如燃煤电厂），使之实现零排放，从而无须彻底放弃已有的技术和能源基础设施
受地质封存条件的客观限制	能够找到与捕集量相匹配的 CO_2 地质封存，封存空间是大规模推广 CCS 技术的必要条件
与减缓气候变化的政治意愿有很大的关联	CCS 是减缓气候变化的专门技术，CO_2 是否大规模应用 CCS 技术很大程度上取决于各国政府的政治决心

2. 什么是 CCUS？为什么要提出 CCUS 技术？

　　碳捕集、利用和封存简称为 CCUS。与 CCS 相比，CCUS 增加了利用（utilization），即 CO_2 利用，二者既有区别又有联系。二氧化碳利用技术是指利用 CO_2 的物理、化学或生物等作用，生产具有商业价值的产品，且与其他生产相同产品或者具有相同功效的工艺相比，可实现 CO_2 减排效果的工农业利用技术。该类技术强调将 CO_2 资源化应用于工农业的生产，而不是纯粹的自然过程，同时兼具 CO_2 直接参与、附带经济效益和净减排效果的特点。

　　提出 CCUS 的初衷在于通过 CO_2 利用降低 CCS 的整体应用成本。与 CCS 相比，CCUS 在减排 CO_2 的同时，往往能够产生附带的经济效益，从而补偿 CO_2 捕集环节的投入（图 1-2 和图 1-3）。

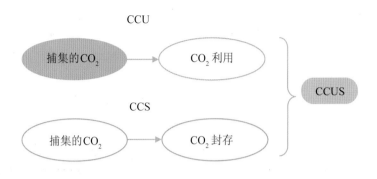

图 1-2　CCU、CCS 和 CCUS 的区别和联系

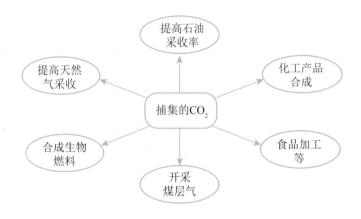

注：通过利用 CO_2 带来收益，降低 CCUS 整体成本

图 1-3　CO_2 利用技术（CCUS）

3. CCS 是新技术吗？

从构成 CCS 技术全链的各个环节技术来看，无论是捕集、运输，还是封存，都已经有数十年的应用经验。比如捕集技术，其核心工艺就是化工工业常见的气体分离技术。而封存，早在 20 世纪 70 年代，欧美学者就提出了 CO_2 深海封存的概念。1972 年，CO_2 强化驱油（CO_2 enhanced oil recovery, CO_2-EOR）技术在美国得克萨斯州油田首次得到商业化应用。可以说，部分 CCS 技术是由现有技术构成的。

但是，从两方面来看，CCS 应该属于新技术：首先，将不同的环节技术组合而成一个整体技术链，其集成即属于新技术。而将 CO_2 捕集技术应用于发电厂等能源利用系统，也是前所未有的。其次，CCS 技术还在不断创新，新技术方向和技术突破（如化学链、膜分离等）不断涌现，从这个角度来看，CCS 技术仍然是一项有生命力的新技术。

为什么需要 CCS？

4. 节能和利用可再生能源能够减排 CO₂，为什么还需要 CCS？

应对减排压力的客观需要：如果仅依靠节能和利用可再生能源，无法达到全球 CO_2 减排目标，那么 CCS 就将成为实现减排目标的必要手段。

整体减排成本的权衡：IEA 在其 2008 年发布的《全球能源技术展望》(Energy Technology Perspectives) 中指出，在 2050 年全世界 CO_2 排放减半（相对于2005 年）的目标前提下，CCS 技术将贡献 19% 的减排量（图 1-4）。而如果不采用 CCS 技术，仅依靠提高能效与利用可再生能源等减排成本更高的减排方法，将导致全球整体减排成本上升 70%。另外，IEA 在 2013 年发布的 CCS 技术路线图中指出，在 2℃ 情景下，CCS 将贡献总减排量的 1/6。

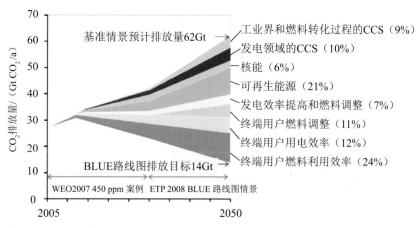

来源：IEA. 能源技术展望（2008a）.

注：1ppm=10^{-6}。

图 1-4　CCS 对减排的贡献（IEA, 2008）

我国以煤为基础的能源结构特殊性的需求：CCS 的重要特征之一在于能够零排放地使用化石燃料，尤其是高碳的化石燃料。这一特点使得 CCS 对于高度依赖化石燃料的经济体具有重要意义。以中国为例，考虑到能源供应安全和能源供应成本，以煤为基础的能源结构短期内难以改变。要实现高碳燃料的低碳利用，可以说 CCS 技术是必不可少的。

5. 什么情况下，CCS 将是必需的？什么情况下，CCS 将失去意义？

可以说，CCS 技术和化石燃料的使用是密切相关的。如果我们能够找到可以替代化石燃料的能源供应技术（如核聚变技术），或低碳化石燃料开采和利用技术（如页岩气或可燃冰），从而使 CO$_2$ 排放大幅减少，那么可以说 CCS 技术无须大规模推广。但恰恰如前所述，时间、成本和技术能力这三方面因素必须综合考虑。时间，意味着在气候变化所允许的减排时限内；成本，意味着新技术或燃料的价格要可接受；而技术能力则意味着该新技术的规模、效率等能够和传统化石燃料相抗衡。

6. CCS 是发达国家为发展中国家设定的陷阱吗？

作为一种减排 CO$_2$ 的技术，CCS 是全人类应对气候变化挑战的重要手段，这是科学层面的论断。陷阱论的核心则在于发达国家和发展中国家在排放空间和减排责任问题上的博弈，是一种政治层面的论断。换言之，CCS 技术能否减缓气候变化是科学问题，但由谁来大规模推广 CCS 技术并承担相应的代价则是政治问题。因此，简单地认为 CCS 技术是发达国家为发展中国家设定的陷阱，是不客观也不全面的。

7. 国际应对气候变化谈判涉及 CCS 技术吗？

国际气候变化谈判在两方面涉及 CCS 技术。一是将 CCS 纳入清洁发展机制（CDM）项目的活动。清洁发展机制是《京都议定书》下的三个灵活机制之一。该机制允许发展中国家通过开发减排项目获得低成本减排量，并以"减排许可"的形式交易给发达国家，后者用于履行其在《京都议定书》下的减排义务。目前，CDM 项目类型涉及风力发电、小水电、工业节能、垃圾填埋气发电等，相比之下，CCS 技术具有更大规模减排的能力。在气候变化谈判中推动 CCS 成为 CDM 项目的最主要考虑是为尚未商业化的 CCS 项目创造更多样的融资渠道，促进 CCS 技术在发展中国家的发展，但从目前 CDM "减排许可"低迷的市场价格和不断萎缩的市场需求等方面看，CDM 对 CCS 发展的促进作用有限。

二是在各国提高 2020 年前减排力度中，加强 CCS 所发挥的作用。在《联合国气候变化框架公约》第 17 次缔约方会议上启动了一个新的谈判进程，进程的两个核心议题之一是如何提高 2020 年前各国减排力度。在全球范围内积极推动 CCS 发展被认为是提高减排力度的有效途径之一，受到各国的广泛关注。

8. 为什么可再生能源和节能技术获得了大量政策和资金支持，但 CCUS 尚没有相关政策？

可再生能源和节能技术的最大特点和优势在于其区别于传统化石能源的

"可持续性"，即人们常说的绿色属性，消耗后可得到恢复补充，以及不产生或极少产生污染物。但 CCUS 技术与可再生能源和节能技术不同，现有 CCUS 技术的收益即减排 CO_2 带来的气候变化减缓，需要以消耗更多化石能源为代价。换言之，现有 CCUS 技术的额外能耗和成本过高，目前尚不具备"可持续性"的特征，这是各方对 CCUS 技术态度相对谨慎的深层原因。要改变这种状态，有待通过技术创新进一步降低能耗和成本，同时提高公众认识和各层面共识度。

CO_2 捕集是人类利用化石燃料所面临的新问题和新挑战，要解决这一难题，不能期待一蹴而就。认清这一点，有助于我们理解并推进 CCUS 技术的发展。

9. 各方观点如何？争议的焦点是什么？

目前，多数认为 CCS 是 CO_2 减排的必要手段之一，减排贡献大。但同时，对 CCS 也存在一些争议，主要集中在如下几个方面（图 1-5）：

在宏观层面，对 CCS 技术定位和 CO_2 减排贡献方面的争议：如 CCS 是否是发达国家为发展中国家设置的陷阱；多种树是否能够替代 CCS 等；CCS 的减排效果如何，能否起到净减排效果。

对 CCS 技术发展阶段的争议：如 CCS 技术是否已经商业化，是否可以大规模推广？

对 CCS 安全性的争议：如 CO_2 运输和封存是否安全？风险大否？

发展 CCS 还是 CCU 的争议：发展 CCS，还是只发展 CO_2 利用（CCU）就能实现 CO_2 减排目标？

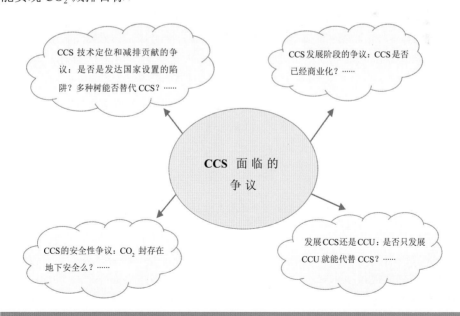

图 1-5　CCS 面临的争议

在上述争议中，有些是对 CCS 技术的认识误区，如有少数人认为 CCS 是发达国家为发展中国家设置的陷阱。CCS 是全人类应对气候变化挑战的重要手段，这是科学层面的论断，如果简单地认为是陷阱是不客观的。

有些是在宏观层面对 CO$_2$ 减排量及各技术的减排贡献认识程度不够而引起的。比如认为发展 CCS 不如种树和人工森林的观点是对 CO$_2$ 减排量及其对应的减排难度认识不够的结果。事实上，为达到减排目标，CO$_2$ 的减排量每年高达数十亿吨，仅靠种树和人工森林对 CO$_2$ 的减排贡献有限，无法达到减排总目标。

CCS 技术可行吗？

10. CCS 技术未来的发展空间大吗？

如前所述，从降低整体减排成本的角度，CCS 技术对 CO$_2$ 的减排贡献度可达 19%，这意味着未来 CCS 技术的发展空间还很大。但事实上，当前这一问题尚无明确答案。不过我们可以从以下四方面自行判断。

资源和地质条件：首先，资源禀赋是否适合 CCS 技术发展。如果以煤等高碳能源为主的能源结构难以改变，则更依赖 CCS 技术。其次，地质封存潜力能否支撑 CCS 技术发展。地质封存容量是 CCS 技术实施的客观必要条件，只有封存潜力足够大，CCS 技术才有发展空间。

减排压力：国际减排压力的大小和紧迫性可以转化为 CCS 技术发展的动力。减排压力大且迫切，则 CCS 技术发展空间大；反之，CCS 技术的发展空间小。

技术竞争：CCS 技术与其他减排技术（节能和利用可再生能源）存在竞争。在市场上，CCS 能否以更低的成本贡献减排份额，是 CCS 技术的内生动力，也是决定 CCS 技术发展空间的必要条件之一。

政治决心：由于除减排效益外，CCS 技术没有其他收益，这一特点决定了 CCS 技术离不开政策的支持。决策者应对气候变化问题的决心以及选择也是决定 CCS 技术未来发展空间的要素之一。

11. CCS 技术成熟了吗？ CCS 技术处于哪个技术生命期？

有些观点（比如 IEA 发布的 CCS 技术路线图）认为 CCS 技术已经成熟，下一步就是全链集成示范，从而尽快大规模推广。然而，需要指出的是，技术成熟的重要标志之一应该是成本可接受。目前，部分现有技术（如燃烧后分离等）的确已经进入示范阶段，但目前这部分 CCS 技术的能耗和成本仍然很高，很难为工业界所接受。而大部分低能耗、低成本的新技术（如化学链燃烧、膜分离和盐水层封存技术等）尚处于研发和实验阶段。因此，简单地判断 CCS 技术已经成熟，是不全面的。换言之，大部分现有 CCS 技术已经做到"可实现"，但还未做到代价"可承受"；部分 CCS 新技术还处于研发和实验期，甚至是基础研究阶段。因此，CCS 技术作为一个整体，仍然处于技术的研发和示范早期。

12. CCS 技术成本高吗？

　　要回答这一问题，首先要搞清楚我们所说的成本概念。CCS 技术成本有多种理解，如投资成本、运行成本、能耗成本、发电成本等。在评估技术的减排效果时，我们需要对比减排 CO_2 的成本，即对比不同的技术在减排相同量的 CO_2 时支付的成本；而在评估技术（通常是发电技术）的技术经济水平时，通常对比的是采用了 CCS 技术的发电厂的发电成本，即在相近的排放水平下，生产单位电力的成本。

● CCS 技术的成本低于部分可再生能源发电技术，具有一定的成本优势

　　判断 CCS 技术的成本是否高昂，需要与其他减排技术进行比较。澳大利亚对多种发电技术 2015 年和 2030 年在澳大利亚的平准化发电成本进行了预测，描述了 CCS 电厂和其他发电技术成本的一种可能的发展态势。该研究结果表明，使用 CCS 技术的电厂到 2015 年和 2030 年的成本并未显著高于甚至会低于地热电厂、太阳能光伏电厂、槽式太阳能电厂和中央接收器太阳能电厂的发电成本（图 1-6）。我国的实证数据在一定程度上也反映了这一问题，我国燃煤发电成本是 0.23 ～ 0.28 元 /（kW·h）。西安热工研究院对北京热电厂捕集试验项目的研究表明，CO_2 减排（捕集效率 80% ～ 85%，截至 2009 年 2 月生产 CO_2 产品 900 t，纯度 99.7%）使发电成本上升 0.16 元 /（kW·h）[1]，发电总成本为 0.39 ～ 0.44 元 /（kW·h）。也有研究显示采用 CCS 技术会使发电成本上升 0.4 ～ 0.8 元 /（kW·h）[2, 3]。这使得应用 CCS 电厂的发电成本将上升为 0.63 ～ 1.08 元 /（kW·h）。目前我国风力发电成本是 0.5 ～ 0.6 元 /（kW·h），太阳能光伏发电成本大约是 1 元 /（kW·h）（图 1-7）。

1　Bin Huang, Shisen Xu, et al. Industrial test and techno-economic analysis of CO_2 capture in Hua'neng Beijing coal-fired power station. Applied Energy, 2010, 87（11）：3347- 3354.

2　范英，朱磊，张晓兵. 碳捕获和封存技术认知、政策现状与减排潜力分析. 气候变化研究进展，2010,6(5)：1673-1719.

3　IPCC. Carbon dioxide capture and storage. New York：Cambridge University Press, 2005.

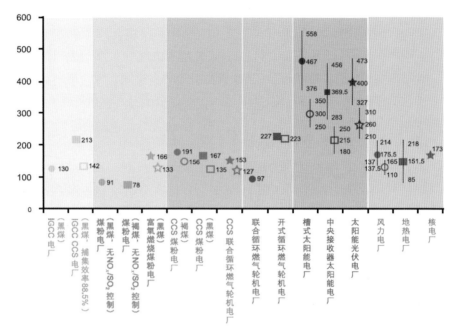

注：

1）图中所有数据为 2009 年的澳元现值。

2）所有数据仅指示可能成本范围。

3）2030 年所有数据为图示估值，仅供参考。

4）黑煤（black coal），原研究报告中指产于澳大利亚猎人谷（Hunter Valley）的一种煤，组分构成如下：水分 7.5%，碳 60.18%，氢 3.78%，氮 1.28%，硫 0.43%，氧 5.63%，灰分 21.2%。

5）槽式太阳能电厂、塔式太阳能电厂、太阳能光伏电厂、风力电厂和地热电厂在 2015 年和 2030 年的平准化发电成本估计值以区间平均值表示。

6）图中未标出部分技术 2030 年发电成本，是因为原研究未作相关预测。

7）无 NOₓ/SO₂ 控制指无脱硫脱硝装置。

图 1-6　2015 年和 2030 年澳大利亚各种技术平准化发电成本预测

- CCS 与节能减排和可再生能源发电技术相结合，能够降低减排成本

如前所述，IEA 的全球减排情景表明，如果不采用 CCS 技术，全球整体减排成本将上升约 70%。

- CCS 和可再生能源发电技术的未来成本下降空间取决于技术革新、政策激励等多种因素

在某些政策情景下，CCS 技术的成本或早于或晚于可再生能源技术的成本

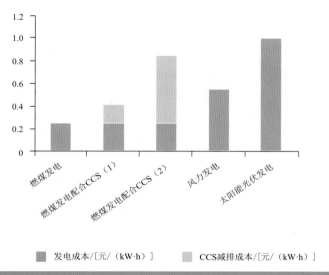

图 1-7　国内各发电技术成本比较

下降。如德国 Wuppertal 研究所的模型研究表明，在严格征收碳税的情景下，如果 CCS 技术能在 2020 年实现全产业链商业化应用，应用 CCS 的电厂的发电成本将在近期（最晚 2030 年之前）低于多种可再生能源发电的平均成本。在没有碳税和 CCS 技术商业应用推迟的情景下，可再生能源的平均成本则会在更短的时间内下降到低于 CCS 电厂的水平。

降低 CCS 的成本一直是发展 CCS 技术的核心问题。对 CCS 技术本身而言，充分发挥技术的学习效应和规模效应，降低其捕集环节的成本，扩大 CO_2 利用的市场规模，均是可能降低 CCS 成本的方式。

13. CCUS 项目各环节可能存在什么风险?

CCUS 各环节可能存在的风险主要有：技术风险、成本风险、安全风险、协调风险和政策风险等。对捕集环节而言，CCUS 技术面临着新技术研发、小规模示范放大到大规模示范而带来的技术不确定性等风险，同时由于投资较高，成本风险也较大；对 CO_2 运输环节而言，管道泄漏等安全风险是需要特别重视的；对 CO_2 封存环节而言，最大技术风险在于长期地质封存过程中的泄漏（图 1-8）。CCUS 技术要求将数以亿吨的 CO_2 在地下封存上百年，如果封存在地质构造中的二氧化碳泄漏到大气中，可能会威胁封存地周边的生物健康和生命安全；也可能会引发气候短时期内的显著变化，而这种气候剧变可能是人类所无法应对的。此外，若封存在地质构造中的二氧化碳泄漏到其他地质构造中，还可能对生态系统和地下水系统造成潜在影响。对 CCUS 整个技术而言，还存在着协调风险和政策风险。由于 CCUS 全环节可能牵涉不同的利益相关方，各参与方的利益可能难以协调；同时目前我国并没有对 CCUS 技术专门立法，缺乏相应的政策支撑，也存在着一定的风险。

捕集环节	运输环节	封存环节
技术风险、成本风险 →	泄漏等安全风险 →	泄漏风险

图 1-8　CCS 各环节主要风险分析

14. 我国在 CO₂ 捕集、运输等方面国产化程度、技术装备储备如何？

就捕集阶段而言，我国已自主开发出多套捕集设备，并成功投入小规模示范。如华能集团研发了 10 万 t/a 的 CO_2 捕集装置，连续运行状况良好；华中科技大学也研发了自主知识产权的 30MW 的富氧燃烧装置，并成功运行；8 ～ 10 万 t/a 的燃烧前捕集装置也已研发完毕，即将投运；另外，我国也在积极开展化学链燃烧、多联产捕集 CO_2 等新技术。总体而言，我国在捕集关键技术的研发方面与世界先进水平相当。在运输方面，与北美相比（已有多年的商业化的 CO_2 运输经验），我国的 CO_2 管道运输经验相对缺乏，但我国有多年的油气运输经验，可以作为 CO_2 运输的有力借鉴。我国目前已开展多个小型的 CO_2-EOR，CO_2-ECBM 及咸水层注入实验，但与北美等成熟的 CO_2-EOR 工程经验相比，还存在一定的差距。

15. 目前全球 CCS 技术面临的主要障碍是什么？

如前所述，CCS 技术目前还处于"有示无范"的阶段，并未实现大规模推广。对此，在 2013 年版全球 CCS 技术路线图中，IEA 将 CCS 技术发展不顺利归因于三个方面，即法律法规框架不健全、融资机制不畅以及公众接受度不高。

然而，由于采用现有 CCS 技术会增加燃料的消耗量，煤炭的消耗量会大大增加。对未来碳排放情景的预测分析表明，在低碳情景下，到 2040 年，每年需要多增加 0.6 亿～ 0.8 亿 t 标准煤，到 2050 年则需要每年多消耗 2.2 亿～ 3.5 亿 t 标准煤。也就是说我国会为减排二氧化碳多消耗 5% 的能源。而在强化低碳情景下，到 2040 年则需要每年多增加 2 亿 t 左右的标准煤消耗，到 2050 年则需要每年多消耗近 5 亿 t 标准煤。该情景下我国会为减排二氧化碳多消耗 10% 的能源。

综上所述，从减缓气候变化所要求的 CO_2 减排规模和时间尺度来看，无论是免费的 CO_2 源、EOR 收益，还是技术转让收益、政策补贴或者碳市场，都难以使现有高能耗、高成本的 CCS 技术从"不可持续"转变为"可持续"。这是目前大多数 CCS 示范工程落入"有示无范"的尴尬境地的根本原因，也是全球 CCS 技术面临的主要障碍。

16. 大规模推广 CCS 技术对我国的能源供应可能产生什么影响？

CCS 技术可能对我国的能源供应效率与成本、能源供应安全产生影响：分析表明，以现有 CCS 技术的能耗和成本水平，如果在我国电力行业大规模推广 CCS 技术，会使得我国一次能源消耗量每年增加数亿吨标煤，每年多支出数千亿美元。这意味着必须探索符合我国可持续发展要求的创新性低能耗低成本 CCS 技术。从能源供应安全的角度看，由于能够兼容化石能源利用技术，尤其是能实现煤基能源系统的低碳排放，CCS 技术有助于降低我国对进口能源的依赖。尤其是基于替代燃料 - 动力多联产系统的 CCS 技术，不仅能够满足 CO_2 减排，而且能够高效地生产电力、交通替代燃料或天然气等多种能源产品，降低我国的石油依存度，显著提高我国能源供应安全。

CCS/CCUS 技术的利益相关方

17. CCUS 技术涉及的关键利益方有哪些？ 他们各自的角色以及态度是什么？

CCUS 技术发展涉及的关键利益方包括企业、政府、研究机构及公众（图 1-9）。

●企业

企业既是 CCUS 技术的拥有者，也是 CCUS 项目的实施者，在 CCUS 技术商业化之后，还将是利益的分享者。CCUS 企业具有参与 CCUS 技术发展的动力，尤其以高耗能企业（大规模集中 CO_2 排放源，包括电力、煤化工、冶金和水泥等）、资源型企业（石油、天然气和煤炭开采）、设备制造商最为突出。对于电力企业而言，防范风险、储备技术、提高核心竞争力是其关注 CCUS 技术的主要原因。煤化工企业利用已有的技术特点，低代价地捕集 CO_2，将其用于 CO_2-EOR/CO_2-EGR/CO_2-ECBM 或其他商业用途，不仅能促进减排目标的实现，还能为企业带来收益。而对石油企业，则看重的是增加工程经验、开发新业务领域和利用新技术增加石油采收的收益。设备供应商和技术服务提供商

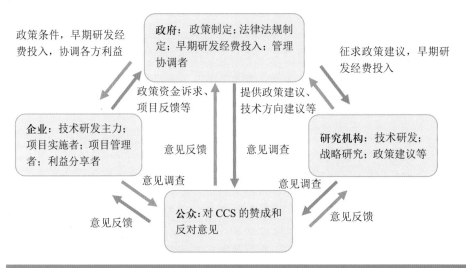

政策条件，早期研发经费投入，协调各方利益

政府：政策制定；法律法规制定；早期研发经费投入；管理协调者

征求政策建议，早期研发经费投入

政策资金诉求、项目反馈等

提供政策建议、技术方向建议等

企业：技术研发主力；项目实施者；项目管理者；利益分享者

意见反馈

意见调查

研究机构：技术研发；战略研究；政策建议等

意见调查

意见调查

公众：对 CCS 的赞成和反对意见

意见反馈

意见反馈

图 1-9　CCUS 技术涉及的关键利益方

则是为了进行技术储备和积累客户。然而技术不成熟、成本过高和政策不明朗直接限制了企业参与 CCUS 研发和示范的热情；此外，缺少相应的法律法规和资金支持、国际合作中知识产权转让困难、缺少公众支持等问题也都限制了企业参与 CCUS 的行动。

● 政府

作为管理者，政府最主要的角色是为 CCUS 的发展确定政策方向。这其中一方面包括给出明确的政策信号，明确 CCUS 技术在我国应对气候变化工作中的作用和地位；另一方面，应促进企业积极参与政策制定，使得多方利益可以协调，最终出台可顺利执行的促进企业发展 CCUS 的政策，以及制定延续性政策。在 CCUS 技术发展的早期，需要大量的研发投入，包括技术研发、项目示范等，这部分资金应主要来源于政府公共资金的投入。此外，政府作为法律法规和标准的制定者，应为未来 CCUS 在示范和推广阶段制定相应的政策法规，如对 CCUS 可能带来的环境影响，制定相应的管理办法和标准。中国的能源管理体制在新中国成立以来的 60 年中，经历了数次变化，在目前的政府构架中，与 CCUS 事务相关的政府部门包括国家发改委、科技部、环保部、国家安全生产监督管理总局、水利部等，这些部门开始参与 CCUS 工作的时间不一，对问题的认识也有所不同，但整体上，中国政府将 CCUS 视为一种潜在的重要减排战略技术，尤其关注其对煤的清洁化利用的贡献和 CO_2 的再利用途径。但是，较之于提高能效、可再生能源等减排方案而言，由于 CCUS 在技术和经济上的不确定性，政府对其采取了更为审慎的态度（表 1-2 和表 1-3）。

表 1-2 中国各主管政府部门对 CCUS 的态度和相关职能

部门	职能	关键词
科技部	从战略储备先进技术、推进相关学科发展的角度出发，通过科研项目支持 CCUS 技术研究，并积极开展相关的国际合作和技术交流	技术研发
国家发改委（应对气候变化司、能源局）	综合考虑 CCUS 技术对能源供给安全、CO_2 减排、经济结构转型等的影响，目前主要从应对气候变化的角度出发，明确了 CCUS 作为一种减排技术选择的重要性，通过与其他部委的合作和国际合作推进 CCUS 技术研发	产业发展、减排、经济结构转型
工业和信息化部	关注 CCUS 应用带来的新兴产业和市场以及对传统行业之间合作的促进作用。其将"燃煤电厂碳捕集及封存成套技术设备"列入了 2011 年《国家鼓励发展的重大环保技术装备目录》	产业发展、设备制造、跨行业合作
国土资源部	主要关注 CCUS 项目的地理边界、对土地利用规划的影响、封存地址筛选和潜力评估等问题。国土资源部已经开始了 CO_2 地质封存示范工程的监测试验工作。配合神华 CCUS 示范项目的第一口监测井于 2011 年 3 月开钻，同时开展的还有"全国 CO_2 地质储存潜力评价与示范工程（2010—2012）"项目	封存潜力评估、土地利用规划、CCUS 项目地理边界
环境保护部	开展 CCUS 项目的长期环境影响监测，制订环境影响或风险评价的方法，并将其结果作为 CCUS 项目申请、核证和颁发的重要考核指标，设计完善的泄漏事故应急预案	环境影响评价、环境监测、生态环境保护

表 1-3 可能与 CCUS 发展相关的政府部门及职能

部门	职能	关键词
水利部	弄清 CO_2 长期封存对可利用地下水资源的潜在影响，建立影响评估、监测方法和相关安全标准，介入 CCUS 项目早期的选址和风险评估程序	CCUS 对水资源的影响，饮用水安全
海洋局	根据相关国际国内法律法规，明确界定可实施 CO_2 封存的海域和大陆架范围，评估和控制 CO_2 运输、注入和封存对海洋生态环境造成的影响	海洋生态环境保护、可实施封存的大陆架范围、国际纠纷处理

● 研究机构

研究机构包括技术研究机构和政策研究机构。对于技术研究机构而言最主要的角色是参与 CCS 技术的研发，由于 CCS 技术并非单一技术，而是众多技术的集成，涉及电力、煤炭、化工、石油、管道、运输、环保等多个领域，因此需要各方面的研发机构积极参与研发，开发各环节的技术，并实现全流程技术整合的最优化。对于政策研究机构而言，对 CCS 技术在整个碳减排技术中的战略地位、如何通过有效的政策及法律安排提高 CCS 技术的发展速度和尽可能地减少应用 CCS 技术所可能引发的环境和健康风险，则是非常重要的问题。大部分的研究机构对于 CCS 技术持开放的态度，其主要的兴趣在于与 CCS 技术相关的研究工作有哪些，其中哪些与自身的工作相关，如一些与产业发展联系较为紧密的研究机构更关心的是应用型技术。

● 公众

CCS 技术，尤其是运输和封存环节存在的潜在环境和健康风险，受到了公众的广泛重视，其中既包括普通民众，也包括非政府组织。公众对 CCS 技术的态度分歧较大，一些较为激进的个人和团体对 CCS 持反对态度，认为在技术不成熟和风险控制措施尚不完善的情况下，应当优先发展其他的碳减排技术，如可再生能源。但是，也有一些组织和个人认为，包括新能源在内的其他技术的碳减排潜力不足以满足实现温升控制目标的需求，虽然在目前的阶段，CCS 技术的成本、能耗和潜在的环境安全问题无可忽视，但依然应将其视为必要的应对气候变化的碳减排技术加以重视。

18. CCS 产业链将为哪些行业及企业带来新的市场机会？

CCS 跨煤炭、电力、石油天然气、运输、化工等众多行业，牵涉企业众多，这些企业既有共同利益，又存在利益冲突，国家应制定相应的机制，协调企业利益分配，促成跨行业跨企业的广泛合作。

在 CCS 产业链条（图 1-10）上，设备、技术和服务供应商是绝对受益方，但煤炭、电力、石油化工等行业企业，作为项目开发业主，既可能受益，也要承担技术失败、市场不发展等带来的风险，而且还面临在现有政策和市场环境下产生的利益冲突等问题。因此，国家应把握技术发展方向，并积极制定企业合作机制，协调各企业间的利益分配，促成跨行业合作，挖掘企业的投融资潜力。

此外，私人资本可能在市场中寻找新的价值洼地。私人资本的活跃已经造就了电子通信技术、互联网、太阳能光伏发电等技术的快速发展和迅速普及，然而目前私人资本对 CCS 仍持观望的态度，主要原因包括：1）政策不明朗导致的市场不明朗；2）技术发展处于示范阶段，但在目前的机制下，私人资本投资后难以获得回报。相比之下，投资特定技术研发的风险比投资示范项目小，且更加灵活，因此从意愿上，私人资本有可能参与技术研发，比如入股研究机构等。如果国家政策能对此加以积极引导，则可促进私人资本进入技术研发领域。

对靠近产业链下游的设备和技术服务提供商而言，其主要利益点是向客户提供 CCS 相关设备和技术服务。一旦 CCS 实现商业化，市场对相应设备和技术服务必然有很大的需求，因此，在技术研发和示范阶段，设备供应和技术服务提供商的主要工作是判断技术发展方向和市场走向，决定设备和技术服务的需求类型，并投入研发设备和技术服务。

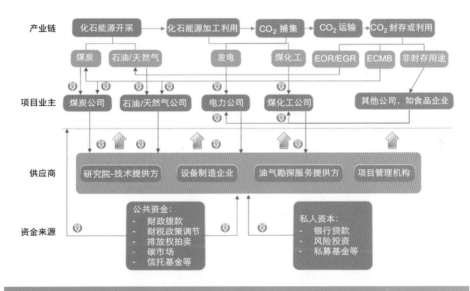

图 1-10　CCS 产业链示意图

19. 企业发展 CCUS 面临哪些机遇和风险?

企业参与 CCUS 的技术研发和示范项目建设将投入大量的人力、物力和资源。企业发展 CCUS 的技术，不仅是为了实现 CO_2 的减排，更重要的是在未来的技术市场竞争中掌握主动。然而由于 CCUS 的发展强烈依赖于气候变化政策，同时考虑到其技术整体不成熟的现状和其他的未知因素，发展 CCUS 技术的企业同时也面临着风险。由于不同行业、不同规模的企业可能参与到 CCUS 的不同环节，其在技术发展初期的投入也千差万别，有的几乎需要从零开始，有的却已拥有较为成熟的技术基础，在同时面临机遇和风险的情况下要如何权衡，需要从企业自身情况和发展战略出发，决定具体参与 CCUS 技术发展的方式和投入的程度（表 1-4）。

表 1-4 企业参与 CCUS 研发和示范面临的机遇和风险

	企业类型	电力	煤化工	油气	化工	运输	设备、技术服务
机遇	应对巨大的减排压力，完成严厉的减排目标	✓	✓	✓	—	—	—
	通过碳交易获得经济收入或减少碳税支出	✓	✓	✓	—	—	—
	CO_2 资源化利用	✓	✓	EOR/EGR	—		
	CCUS 商业化全球市场	技术输出、工程承接	技术输出、工程承接	技术输出、工程承接、地下封存空间利用	经营吸收或吸附剂	✓	✓
风险	消极减排政策环境下企业缺乏减排动力，或是通过其他减排方案就已经可以实现减排目标	✓	✓	✓	—		
	CCUS 市场需求萎缩	✓	✓	✓	✓	✓	✓
	无法通过碳交易、补贴等途径平抑成本	✓	✓	✓	—		
	利用市场需求小，利用方式有限，无法消纳 CCUS 实现的减排	✓	✓	✓			
	EOR/EGR 利用规模或遇瓶颈	—	—	✓			
	技术研发周期长，企业在一段时间内"投入而无产出"的压力	✓	✓	✓	✓	—	✓
	难以形成可持续商业模式，技术成果无法转化为市场价值	✓	✓	✓	✓	✓	✓

CCS 技术发展路线图

20. 国际上已发布的 CCS 技术发展路线图有哪些？实施情况如何？

全球已发布的 CCS 技术路线图主要有国际能源署（IEA）技术路线图、美国能源部（DOE）路线图、欧盟及英国 CCS 技术路线图、澳大利亚 CCS 技术路线图、加拿大 CCS 技术路线图、日本及韩国 CCS 技术路线图、罗马尼亚 CCS 技术路线图、波兰 CCS 技术路线图、南非 CCS 技术路线图等。其中具有代表性的技术路线有 IEA 技术路线、美国能源部技术路线和欧盟技术路线等（表 1-5 和表 1-6）。

表 1-5 主要国家及相关机构 CCS 技术路线图发布日期与发布机构

国家或机构	IEA	欧盟	英国	美国	澳大利亚
发布日期	2010	2007	2012	2010	2004
更新日期	2013			2011	2008
发布机构	非政府	非政府	英国能源与气候变化部	美国能源部	非政府

表 1-6 主要技术路线图落实情况

发布国家或机构	路线图落实情况
IEA	落实度低：2020 年目标从 100 个剧减为 30 个示范项目。而实际实施情况是预计到 2020 年仅有 13 个大型项目，年封存量从 30 000 万 t 下降到 6 300 万 t
美国	落实度较高：依托清洁煤能源发展计划，已经开建多个大规模的燃煤电厂 CCS 示范工程
欧盟	落实度较低：欧洲大规模项目的总数相对稳定，为 19 个，但是项目清单则发生了重大变化。自 2010 年以来，欧洲有 8 个大规模一体化项目被取缔或者处于停滞状态，取而代之的则是 7 个新项目
英国	积极落实：拟开建大规模的 IGCC CCS 示范项目等
澳大利亚	积极落实：开展燃烧后化学吸收、富氧燃烧等多个中试示范

21. 我国开展了哪些 CCS/CCUS 技术路线图研究？

中国作为碳排放大国，在国际减排义务中承担着越来越重的责任与压力，也多次对 CCS/CCUS 技术加以强调。2005 年，我国政府在《国家中长期科学和技术发展规划纲要（2006—2020 年）》中提出"开发高效、清洁和 CO_2 近零排放的化石能源开发利用技术"。2007 年，国家科技部在《中国应对气候变化科技专项行动》中将 CCS 技术作为控制温室气体排放和减缓气候变化的技术重点列入专项行动的四个主要活动领域之一。同年 6 月，国家发改委公布的《中国应对气候变化国家方案》中强调重点开发 CO_2 的捕获和封存技术，并加强国际间气候变化技术的研发、应用与转让。2011 年 7 月，在《国家"十二五"科学和技术发展规划》中分别在"节能环保产业"和"应对气候变化"部分两次提出要发展 CCS 技术。2012 年 10 月，"碳捕集与封存（CCS）：能源密集行业的机遇"研讨会与"碳捕获与封存政策法规框架研讨会"在北京举办，重点围绕碳捕获、利用与封存（CCUS）技术发展现状，CCUS 技术法规框架的国际实践与经验，以及在其试验示范、应用推广以及管理过程中存在的政策法规需求等展开讨论。同年 12 月，环保总局举办"关于 CO_2 地质利用与封存环境安全监管"的专家研讨会，讨论 CCS 环境安全监管的可操作性方案，并立项开展 CCS 环境安全监管办法的研究。国土资源部也已经将与 CCS 相关的技术研发纳入《国土资源"十二五"科学和技术发展规划》，还启动了两个公益研究项目，并于 2012 年组建部级重点实验室。科技部为了推进 CCUS 技术的研发，先后发布《中国碳捕集、利用与封存技术发展路线图研究》《"十二五"国家碳捕集、利用与封存（CCUS）科技发展专项规划》等，希望进一步解决 CCS 关键技术问题，为 CCS 示范和政策制定提供科学依据和技术储备。

严格地讲，我国政府尚未正式发布官方 CCS 技术发展路线图。2012 年，科技部的"21 世纪发展中心"发布了《中国碳捕集、利用与封存技术发展路线图研究》。2015 年，发改委应对气候变化司和亚洲开发银行在巴黎气候变化大会上共同发布了《中国碳捕集与封存示范和推广路线图》。

22. 我国发展 CCS 技术应遵循的基本原则有哪些？

重视 CCS 技术内涵，并结合我国能源规划和减排目标，实现 CCS 路线图与 CCS 技术的有机结合：在全面评估各类 CCS 技术能耗、成本及环境影响等代价的基础上，筛选出具有发展潜力的 CCS 技术，确立 CCS 示范的早期机会，并结合我国近、中、远期的减排目标，制定适合我国的 CCS 技术路线图。

1）协调技术路线，统筹规划：深入分析我国能源、冶金、水泥和化工等化石能源密集消耗行业的技术现状和发展趋势，从应对气候变化的新视角重新审视产业发展策略，充分考虑 CCS 技术发展策略与产业技术路线之间的相互影响与匹配关系。以电力行业为例，在目前发电容量的 30% 为超临界发电技术，而未来新增装机应选择超临界技术还是 IGCC 技术还有待确定的情况下，什么样的 CCS 技术符合电力行业的技术现状和发展规划，而什么样的发电技术适合 CCS 技术的推广应用，需要综合考虑。

2）自主技术创新，转变发展模式：探索能源与环境的协调发展之路，而非简单将两者对立。转变传统能源利用和污染物控制之间的链式思路，推动我国实现经济发展模式从资源消耗型向资源节约型、环境友好型转变。以自主创新为主、技术引进为辅，一方面结合我国能源结构、资源条件和 CCS 需求的具体特点，坚持自主研发，掌握低成本、低能耗的 CCS 核心技术；另一方面需要把握温室气体减排国际合作的契机，寻找多渠道的国际资金支持，同时引进消化发达国家在洁净煤利用等方面的先进的 CCS 外延技术。

3）利用现有技术基础、循序渐进：长期以来对煤炭的重视使我国在洁净煤利用技术领域具有雄厚的科研和工业基础。应利用这一优势，集中产学研各界的力量，在现有洁净煤利用技术基础上研发回收 CO_2 的多联产等高碳能源低碳化利用技术，分阶段实现关键技术突破。

23. CCS 将对我国能源环境技术的变革产生什么影响？

传统化石能源利用与污染物控制所遵循的是末端治理的链式思路。以目前燃煤电厂采用的污染控制技术为例，其典型流程可以概括为，煤与空气接触燃烧生成含有污染物的烟气，在排放到大气之前，通过化学吸收等技术从尾部烟道分离污染物。这种方式的问题在于，在燃烧过程中，污染物被空气稀释导致烟气中的污染物浓度很低，分离能耗很高。在污染物的量比较小的情况下，能耗尚可以承受，而在污染物量很大（烟气中 CO_2 的量是硫化物和氮氧化物的成百上千倍）的情况下，分离能耗大幅上升，能耗难以承受。

要解决 CO_2 捕集能耗高的难题，就必须改变传统末端处理的链式模式，探索能够同时解决能效和减排矛盾的突破口。事实上，直接燃烧不仅是燃料作功能力损失最大之处，而且也是 CO_2 产生的根源，是提高能源利用效率和低能耗控制 CO_2 的最大潜力所在。现有 CCS 技术高能耗与高成本的难题要求创新型的 CCS 技术，要求在高效利用能源的同时，实现污染物的低能耗、低成本脱除，实现"能源、资源、环境保护"的一体化。降低 CO_2 捕集能耗的压力将推动新型一体化模式的探索，从而推动能源环境技术的变革。

24. 我国发展 CCS 技术面临的难点与挑战是什么？

在战略层面，CCS 技术的难点在于制定适合我国以煤为主的高碳能源结构的 CCS 技术路线；在技术层面，难点在于研发低能耗、低成本的适合大规模推广的核心技术。在工程示范方面，落实 CCS 全链条早期示范机会，协调各参与方利益也将是一大难点。另外，如何实现技术路线与技术的有机结合，而非相互脱节也是一项挑战。

第 2 章　与 CCS/CCUS 相关的政策、法律法规及投融资

25. 政策、法律法规及投融资在 CCS 技术的发展过程中分别扮演什么角色?

CCS 监管需要随着科学和技术经验的增长而发展，所以需要具有适应性、进化性的管理过程。全面的 CCS 示范项目利用 CO_2 监测及验证程序和技术提供重要的数据和经验。这些结果将需要反馈到监管的发展过程中。

起初，全面示范工程很可能在现有的规章下运行，并为特定的 CCS 问题而改善。早期项目的数据可以用来帮助更广泛地发展适用于 CCS 的规范以管理商业推广。规范从早期到成熟的过渡可以通过现有的监管机构来完成，还需要新的机构和 / 或机制来协调和整合新的知识技术和建立长期的 CCS 监管和法律框架。政府应当防范过分依赖规范框架，虽然其适合早期的示范项目，但对 CCS 的广泛商业化应用不是最优的。

CCS 的发展将引起大量法律法规问题。其中最重要的包括：制定 CO_2 运输的规章；确立国际、国家、州 / 省和地方政府的管辖权；建立存储空间资源的所有权制度，以获取制定 / 使用这些资源的权利，包括准入权；制定明确的选址、准入、监测和核查二氧化碳的指导方针；澄清二氧化碳封存行动的长期负债和金融责任，以及在二氧化碳海底储存时，遵守适当的国际海洋环境保护公约。

在目前的财政和管理环境中，商业化石燃料发电和工业发电不可能捕获并存储它们的二氧化碳排放量，因为 CCS 技术的使用会降低效率、增加成本，并降低能源产出[4]。即使在有碳排放限制的欧盟，减少碳排放的效益也不足以抵消 CCS 的成本。这些可以部分地通过政府税收减免和其他奖励的形式来克服。即使这样，技术变革的惯性和企业的奖励缺乏仍难以承担 CCS 的费用，促进

---

[4]　这一点对于 CO_2 强化驱油技术（CO_2-EOR）并不适用，CO_2-EOR 为 CCS 发展提供了早期机会。

CCS 需要政府和工业部门更多的财政支持。CCS 的进一步渗透将需要项目发展各个阶段的支持，包括短期示范项目的融资，连同碳限制和 / 或 CCS 的批准以及对于长期稳定性处理的明确的原则。

我国与 CCS/CCUS 技术发展相关的政策和法规现状和未来发展趋势如何？

26. 目前有哪些国家形成了针对性的政策框架？

欧盟：欧盟一直以来不仅是 CCS 技术研发的先驱，同时也始终积极倡导 CCS 的相关立法和各方面实施的制度化与规范化。在欧盟各成员国的努力下，欧洲已经成为 CCS 技术实施的表率之一。相应地，欧盟关于 CCS 实施的政策与法规也最为丰富。

2005 年，欧盟委员会的 CCS 工作与欧洲气候变化项目二期（ECCP Ⅱ）同步启动，2006 年，欧盟委员会发布了《欧洲可持续、竞争和安全能源策略》绿皮书（COM（2006）105 final），将 CCS 确定为在解决来自能源安全和气候变化的根本挑战方面的关键三大政策优先项目之一。在该绿皮书之后又发布了《欧洲委员会通讯文件：化石燃料可持续发电—到 2020 年实现近零排放》（COM（2006）843 final）。2009 年 4 月 6 日，欧盟理事会通过了关于二氧化碳地质封存的欧盟指令（2009/31/EC 指令），在 2003/87/EC 指令中规定了温室气体排放配额交易机制。一些欧洲国家正在调整其现有法律，以促进二氧化碳封存。例如，波兰打算修改其《采矿法》（Mining Act）。德国将调整相关的油气勘探法律以便于海洋封存并且将修正《采矿法》以为陆上二氧化碳封存做准备。挪威正在考虑现有《石油与污染控制法案》（Petroleum and Pollution Control Acts）下的许可机制。同时，美国、澳大利亚等主要国家也都在 CCS 方面态度积极，制定了相关的法律法规。欧盟、美国和澳大利亚的现有监管框架，在强调监管的重要领域方面比较类似。所有这 3 个国家和地区中，主要问题存在于知识产权领域、监测要求（如可接受的参数范围和仪器的精确度）和运输 / 注入的二氧化碳流的相关部分还尚未明确。勘探和封存许可及产权管理、封存的全过程管理及风险管理、封存场地选择、核查和监测标准等方面成为各国重点关注的问题，其中主要包括对技术的规范化和监管过程两方面。

27. 我国政府发布的 CCUS 相关政策和法律法规有哪些？政府在国家政策层面围绕 CCUS 技术开展了哪些工作？

《中国应对气候变化科技专项行动》《国家"十二五"科学和技术发展规

划》《国家发展改革委关于推动碳捕集、利用和封存试验示范的通知》等均将 CCUS 技术列为重点发展的减缓气候变化技术，积极引导 CCUS 技术的研发与示范。

国务院于 2006 年 2 月发布《国家中长期科学和技术发展规划纲要（2006 - 2020 年）》（以下简称《规划纲要》）。《规划纲要》共十个部分，分别为序言，指导方针、发展目标和总体部署，重点领域及其优先主题，重大专项，前沿技术，基础研究，科技体制改革与国家创新体系建设，若干重要政策和措施，科技投入与科技基础条件平台，人才队伍建设。碳捕集、利用和封存技术（CCUS）被《规划纲要》列为前沿技术之一。

国务院于 2007 年 6 月发布《中国应对气候变化国家方案》（以下简称《国家方案》）。《国家方案》明确了到 2010 年中国应对气候变化的具体目标、基本原则、重点领域及其政策措施，是发展中国家颁布的第一部应对气候变化的国家方案。《国家方案》将发展 CCUS 列入温室气体减排的重点领域，提出"大力开发煤液化以及煤气化、煤化工等转化技术，以煤气化为基础的多联产系统技术，二氧化碳捕获及利用、封存技术等"。

2007 年 6 月，科技部联合国家发改委、外交部等 14 个部门联合发布《中国应对气候变化科技专项行动》（以下简称《专项行动》），旨在统筹协调中国气候变化的科学研究与技术开发，全面提高国家应对气候变化的科技能力。《专项行动》将发展 CCUS 列入控制温室气体排放的重点领域。明确提到："控制温室气体排放和减缓气候变化的技术开发：二氧化碳捕集、利用与封存技术。"

2011 年 7 月，科技部会同国家发改委、财政部、教育部、中国科学院、中国工程院、国家自然科学基金委员会、中国科协、国家国防科技工业局等有关单位，联合发布了《国家"十二五"科学和技术发展规划》（以下简称《规划》），旨在深入实施中长期科技、教育、人才规划纲要，充分发挥科技进步和创新对加快转变经济发展方式的重要支撑作用。《规划》中两次提出加强 CCUS 技术研发，包括将 CCUS 技术作为培育和发展节能环保战略性新兴产业的重要技术之一，以及作为支撑可持续发展、有效应对气候变化的技术措施。在"规划"中提出："发展林草固碳等增汇、土地利用和农业减排温室气体、二氧化碳捕集利用与封存等技术"；"积极发展更高参数的超超临界洁净煤发电技术，开发燃煤电站二氧化碳的收集、利用、封存技术及污染物控制技术，有序建设煤制燃料升级示范工程。"

为明确我国发展碳捕集、利用和封存技术的定位、发展目标、研究重点和技术示范部署策略，国家科技部社会发展科技司和中国 21 世纪议程管理中心动员了来自科研机构和企业的近百位专家参与，于 2011 年 9 月完成了《中国碳捕集、利用与封存技术发展路线图》研究报告。

该路线图较系统地评估了我国 CCUS 技术发展现状，提出了我国 CCUS 技术发展的愿景和未来 20 年的技术发展目标，识别出各阶段应优先开展的研发与示范行动，并针对我国全流程 CCUS 示范部署、研发与示范技术政策和产业化政策研究等提出建议。

2013 年国家发展和改革委员会发布了《国家发展改革委关于推动碳捕集、利用和封存试验示范的通知》。该通知明确了推动碳捕集、利用和封存的试验示范工作的意义、主要任务和工作组织要求。通知的主要内容旨在推动火电、煤化工、钢铁、水泥、油气等重点行业和企业开展示范工程的早期机会和示范项目基地建设，建立和制定相关政策激励机制、相关战略研究及法规，推动碳捕集、利用和封存相关标准规范的制定，加强能力建设和国际合作。

28. 我国现有的法律法规体系中，有哪些可适用于 CCUS？是否存在盲点？需要做什么工作？

为了应对全球气候变化，中国已经开始推进气候变化重点领域的科学研究与技术开发工作。在不同行业的生产消费活动中，以节能减排和清洁能源为两个主要方向，控制温室气体的排放。根据不完全统计，1980 年至 2009 年中国共颁布实施主要和节能有关的法规条例 20 多项，重点法规条例可以大致归纳为节能法规条例、节能产品设计规范以及与节能有关的能源规划和保障措施几类。节约能源在《中国能源状况和能源战略》中，其"基本国策"的地位得到了突出。其结果是中国对能源效率的关注度比 CCUS 更高。此外，中国近年来大力推进可再生能源的发展。1997 年国家计划委员会颁布了《新能源基本建设项目管理的暂行规定》，1999 年又与科技部共同发布了《关于进一步支持可再生能源发展有关问题的通知》。2006 年开始实施的《中华人民共和国可再生能源法》为可再生能源的发展创造了有利的条件，随后相继出台了相关配套政策。根据《可再生能源法》的要求，制定了《可再生能源中长期发展规划》，提出了可再生能源中长期发展目标。在财政补贴、税收政策、定价机制以及其他相关方面的政策法规中，都对可再生能源有大幅的优惠和倾斜，包括电网接入、完全采购、优惠价格等方面。在《中国的能源政策（2012）》中还明确提到国家优先利用可再生能源来提高能源供应能力，其优先级别高于 CCUS。相比 CCUS 技术，由于可再生能源的可持续发展效应显著，中国近几年颁布了多项与促进可再生能源发展相配套的行业优惠政策，包括财税减免、开放融资、专项基金以及贷款优惠等。这些政策的效果十分明显，在很大程度上保障和促进了可再生能源在中国的发展。例如，在《可再生能源法》中制定了支持风电、垃圾发电的税收减免政策和发展生物液体燃料的财政补贴与税收优惠政策。中央和地方财政在无电地区电力建设、农村户用沼气建设和可再生能源技术产业化发展等方面给予了较大的资金支持。

在基础科学研究和应用发展方面，中国也对可再生能源给予了大力支持。在"十五"期间，国家通过科技攻关计划、863 计划、973 计划和产业化计划，共安排 10 多亿元资金，支持光伏发电、并网风电、太阳能热水器、氢能和燃料电池等领域先进技术的研发和产业化。

定价、财税和研发方面政策的优惠和支持，使得可再生能源在短期内得到快速发展。根据国家统计局数据，截至 2007 年年底，中国水电装机容量和发电量均居世界第一位。风电装机容量超过 600 万 kW，居世界第五位。生物燃料乙醇年生产能力超过 120 万 t。核电装机容量 906 万 kW，比 2006 年增长 30.5%。可以看出，核电和可再生能源发电在中国的快速发展与相关政策的推动作用密不可分。所以未来 CCUS 技术要想在中国快速发展，相关优惠政策的配套保障将会十分重要。

29. 在现阶段，我国是否需要针对 CCS/CCUS 发布相关政策？

现阶段我国已经发布了一些与 CCS/CCUS 相关的政策或法律法规，但缺乏针对性，同时没有形成体系框架。当前较为迫切的政策与法律法规的需求主要来自于早期示范工程，包括 CCS/CCUS 技术标准与规范、激励与扶持机制、社会保障政策等。中远期，为促进 CCS/CCUS 技术的有序积极发展，我国需要制定涵盖战略策略、工程示范、技术研发各个层面的系统和完善的政策与法律法规体系。

CCS 技术发展的资金从哪里来（资金来源与类型）以及如何运作（机制与方法）？

30. CCS 有什么融资渠道？

表 2-1 展示了每种做法的潜在收益和局限。这些方法不是相互排斥的。政府可以而且应该考虑将各种方法合并。例如，CCS 的信托基金可能与严格的温室气体限额贸易制度相结合，以确保 CCS 在能源和气候变化方案中的最佳作用。一个总的指导原则是，各国政府应努力在短期内保证将财政支持与严格的排放标准相结合以实现最高的产出。

表 2-1　CCS 融资选择

	排放交易	强制性 CCS	设备方面的强制	高成本需经能源监管者审批	CCS 委托基金或其他政府资助
收益	市场选择：如果与其他方法相比（如可再生能源或节能），CCS 是成本有效的机制，让市场进行自主选择，以减缓温室气体（GHG）排放。成本有效：从这个意义上讲，排放交易是促进 CCS 最成本有效的方法	推广速度快：短期来讲使技术和 CCS 的推广速度快。推广范围广：也有利于广泛的推广	分散成本：要求没有安装 CCS 的设备厂商补贴已经安装了 CCS 的，通过这种方式使所有发电者承担 CCS 基础设施成本	激励和确定性：经审批，更大的激励和确定性会推动发电机向 CCS 方向改进	简单：方法更易执行确定性：提供了更确定和稳定的资金来源推广速度快：鼓励快速推广和技术发展
局限	发展速度慢：对于鼓励 CCS 的快速发展特别是近期发展不是很有效	成本高：近期减少温室气体排放可能不是成本最有效的技术锁定：风险会锁定非最优技术或限制未来创新	先期投资风险高：先期投资 CCS 必须认清风险，在一段时间之后才能收回成本	不确定性：管理委员会会改变决定 - 将给消费者带来的风险和影响考虑进来 - 很可能要花费时间，这一过程因此会减慢 CCS 发展并在一定程度上降低确定性	高成本：对政府可能是成本较高的一种选择，尤其在近期
评价	影响会根据不同建议的性质特征而变化，例如是否将限额贸易与其他政策工具结合来克服 CCS 和 BAU 技术的成本差异	风险会锁定特定技术，并扭曲成本			

来源：IEA 分析。

　　根据技术发展的不同阶段，本着拓宽融资渠道和降低投资风险的理念，国内外已经有多种针对 CCS 提出的投融资机制的案例或提案。挪威、美国、欧盟和澳大利亚发展较快，除了对技术研发进行资助外，这几个国家都采用了初期政府补贴和投资，并试图利用市场化手段对其进行激励；挪威和美国同时还采用了相应的税收政策对市场化手段进行补充。除了挪威、美国、欧盟和澳大利亚之外，其他国家和地区的 CCS 应用基本还都处于研发阶段。政府直接补贴：2008 年美国国会提出了《利伯曼－沃纳气候安全法案》。该议案提出了加速 CCS 推广的三个机制：免费排放额度、新火电厂排放性能标准的强制性 CCS 实施和补贴。政府直接投资：一些具有国家背景的企业直接投资 CCS 示范项目，如阿尔及利亚国家石油公司（Sonatrach）、英国石油（BP）和挪威国家石油公司（Statoil）共同投资了位于阿尔及利亚撒哈拉沙漠的天然气田的 CCS 项目。在我国，2009 年 12 月投入运营的上海石洞口第二电厂配套碳捕集装置，则由华能集团出资，总投资 1.3 亿元，年捕集 CO_2 12 万 t，该项目通过将捕集的 CO_2 销售给中间商补贴部分运营成本。公私合营：由欧盟委员会、企业、非政府组织、学术界和环保者组成的欧洲化石燃料电厂零排放技术平台属于公私合营性质。此外，通过政府主导的融资渠道还包括研发资助、减免税和征收碳税等。市场化的融资手段包括清洁发展机制（CDM）和碳排放权交易机制等。其他融资方式还包括电价调控、低碳能源供应配额、信托基金、CO_2 商业化利用等。

31. 截至目前，全球共有多少资金投入 CCS 的发展？

根据最新的统计数字，全球大约有 207 亿美元的资金被用于或被计划用于支持 CCS 项目，其中大约 65% 已确定了使用方向。图 2-1 按国家总结了资金的使用情况。

目前全球 CCUS 资金的来源主要包括两大部分，分别是公共项目资金和其他来源资金。

● 公共项目资金（public program funding）

根据全球碳捕集与封存研究院（GCCSI）发布的《全球 CCS 现状：2012》（The Global CCS Status：2012）报告，大部分的项目从公共项目获得了可观的资金支持，图 2-1 展示了一些项目从公共资金渠道获得的资金量。

英国的 CCS 商业化计划（UK's CCS Commercialization Program）欧盟的新进技术预留计划（NER⁵ 300）和澳大利亚的 CCS 旗舰计划（CCS Flagship Program）被认为是为公共项目资金提供了最多支持的三大项目。

目前市场上可用于支持 CCS 项目的公共资金的一部分来源于 2008—2009 年各国政府相继推出的经济刺激计划，如澳大利亚、加拿大、欧盟和美国等，总额大约为 93 亿美元，如图 2-1、图 2-2 和表 2-2 所示。

---

5   NER 全称为 the new entrants' reserve.

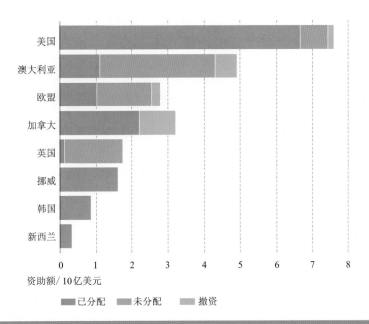

图 2-1　各国家对 CCS 示范项目的公共资助

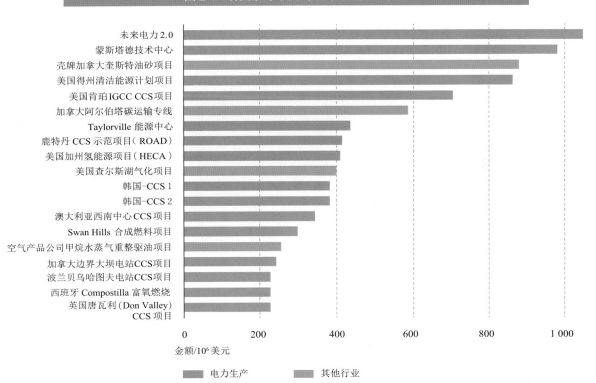

注：得州——得克萨斯州；
加州——加利福尼亚州。

图 2-2　大规模项目公共基金

表 2-2　CCS 激励计划投资

国家	项目名称	投资	投资/亿美元
澳大利亚	CCS 旗舰项目	40 亿澳元	41
加拿大	清洁能源基金	6 亿加元	6
欧盟	欧洲能源复苏计划（EEPR）	10 亿欧元	12
美国	清洁煤发电计划 未来电力 工业碳捕获与封存	34 亿美元	34
总计			93

注：①基于 2012 年 7 月汇率。由于金融危机，相对于其他货币美元升值。因此实际资金将低于方案公布数额。

②激励计划投资是 CCS 发展总投资的重要组成部分，约占全球总投资的 40%。

但是由于部分激励计划的资金来源于碳市场，而随着碳价格的大幅走低，资金也随之缩水，远达不到 93 亿美元的预期。

然而，公共项目资金通常倾向于项目建设阶段投资，而对长期运营所需费用支持不足。

● 其他资金来源（additional revenues streams）

一些项目则从 CO_2-EOR、碳交易、售电等其他渠道为项目筹集资金，GCCSI 根据 38 家受访企业的回复绘制了图 2-3，列出了可能的资金来源及所占份额。

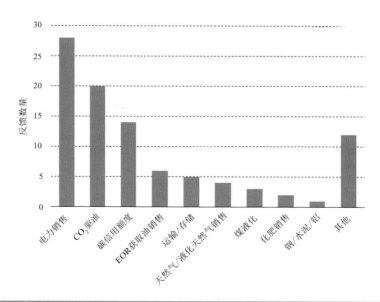

图 2-3　大规模一体化项目可能的资金来源

从长远来看，CCS 项目的融资渠道可能更加丰富，将综合公共资金、私营资本、多边和双边机构(如亚洲开发银行)以及其他类型的机构共同筹措,见表 2-3。

表 2-3　CCS 项目潜在融资渠道

公共资金	赠款
	税收抵免
	贷款担保
	优惠权益
	优惠债务
私有资金	赞助商权益
	机构权益（基础设施基金、退休基金、养老基金）
	赞助商债务（资产负债融资表）
	商业债务
多边和双边机构与出口信贷机构	优惠债务
	信用担保

但是通过碳市场筹资将面临不小的挑战。过去 12 个月中,由于 EU ETS 市场上碳价格的大幅缩水,可用于支持 CCS 项目的资金减少了将近 40 亿美元。

对发展中国家而言,除本国政府和企业自主筹资外,可用的国际资金主要来源于多边和双边的合作项目。欧盟、GCCSI、挪威政府、英国政府和美国政府扮演了主要的角色。资金被用于能力建设等多种目的。此外,亚洲开发银行(ADB)、亚太经合组织(APEC)、世界银行(WB)等多边机构也持续提供款项。

32. 国际机构和多边机构在 CCS 融资中的作用如何?

鉴于 CCS 示范需要的大量资金、潜在的气候变化效益以及国际知识产权的转让需求,国际金融机构在 CCS 融资方面发挥着重要的作用。世界银行新的碳伙伴基金(CPF)就是一个有关的项目。CPF 于 2008 年年底建立了以通过出售和购买温室气体减排量发展减少温室气体排放的项目。第一阶段将提供几亿欧元资金。世界银行预测,随着时间的推移 CPF 会增长到几十亿欧元。第一阶段的设备将扩展到在各个领域的温室气体减排方案中。在最近的 CPF 磋商会上,很多组织已经对探索在 CCS 背景下进行碳融资的可能性表现出强烈的兴趣(世界银行,2008)。

其他多边开发银行和金融机构也可以在 CCS 的技术转让融资上发挥作用。2008 年 6 月,欧洲投资银行(EIB)宣布,该公司有专门的 100 亿欧元用于分担欧洲 CCS 项目的风险,同时另有 30 亿欧元用于欧盟以外的项目。欧洲投资银行也表示有兴趣提供资金援助 CCS 的研究和开发(Maystadt,2008)。虽然像 EIB 这样的机构是提供贷款(而不是补助)给商业项目,但他们的支持也是非常有帮助的。

第 3 章　CO_2 捕集

引言：CO_2 捕集的核心问题是什么？

通俗地讲，CO_2 捕集是将 CO_2 从低浓度的混合气中分离提纯的过程。通常，工业过程所产生的 CO_2 来源于化石燃料燃烧，CO_2 捕集环节的核心关键词即能耗和成本。

CO_2 捕集是什么？

33. 为什么碳捕集环节的能耗最高？

捕集是指将 CO_2 从工业或相关能源产业的排放源中分离出来。由于 CO_2 在排放源中的浓度一般较低，且排放量大，捕集过程就好比将 CO_2 比作"墨汁"，其他杂质气体比作"水"，将一滴"墨汁"滴入一大瓶"水"中想要再将其分离出来会十分困难，难度较高，其捕集能耗占 CCS 全环节的 80% 以上。

气体的分离过程是混合过程即扩散过程的逆过程，其科学原理是克服气体分子之间的引力等作用，将该种气体提纯，因此捕集能耗不能完全避免。CO_2 分离能耗由三方面因素决定：① CO_2 理想分离过程所需的分离功，亦即最小分离功，只与分离前各气体的热力学状态（最主要为分离前浓度）有关，而与过程无关；② CO_2 实际分离过程的分离效率，即实际分离功（或实际消耗的可用能）与理想分离功之比。③ 分离耗能的品位，如果为热耗则为热源所对应的卡诺循环效率，如为功耗则为 1。理想分离功只与分离前后的热力学状态有关，而分离效率与耗能品位则取决于具体分离工艺所具有的能量利用水平。

一般而言，捕集后的 CO_2 浓度是由后续的 CO_2 处置过程或者特定化工产品的生产要求所决定的。在化工厂中，CO_2 的捕集是为化工生产而服务的，CO_2 是副产品，为满足生产化工产品时的 H_2/CO（物质的量之比），合成气中

的 H_2/CO 调整程度对某种化工产品生产过程是一定的，CO_2 浓度也基本是一定的。若捕集后的 CO_2 用于食品加工，则需要 CO_2 的浓度满足食品生产的要求，一般为 99.9% 以上；若用于提高石油采收率，则一般需要达到 95% 以上；若用于咸水层封存，一般需要达到 90% 以上。

34. CO_2 分离技术在化工中都已成熟，为什么在 CCS 中还需要大力研究这些技术？

CO_2 分离技术已有上百年的历史，在化工行业中是一项成熟的技术。但当化工行业中传统的 CO_2 分离技术应用到电力行业时（最大的 CO_2 排放源），由于电力行业的 CO_2 排放源浓度往往更低、尾气处理量巨大，传统分离技术所带来的捕集能耗和成本难以承受。而且，化工行业处理气的成分与电厂烟气的成分也有所不同。因此，需要研发新型的低能耗、低成本，特别是针对电力行业的 CO_2 分离技术。

35. 捕集对象有哪些？何谓高浓度排放源？高浓度排放源有什么优势？

捕集对象一般是指固定的大规模的 CO_2 排放源，包含化石燃料电厂、化工厂、钢铁厂、水泥厂等。移动的较分散的 CO_2 排放源由于单个排放源规模较小，捕集所需的投入大，不在 CCS 的考虑范围之内。

高浓度排放源是指排放气中 CO_2 浓度较高的排放源。一般燃煤电厂尾气中的 CO_2 仅占 10%～15%，燃气电厂尾气中 CO_2 为 3%～5%，为低浓度（体积分数）CO_2 排放源；钢铁、水泥厂尾气中的 CO_2 约占 20%，也属于低浓度 CO_2 排放源；而煤制油、合成氨、尿素、制氢等化工厂所排放的 CO_2 一般占比高于 50%，很多甚至可达到 99% 以上，因此属于高浓度 CO_2 排放源。

CO_2 的分离能耗与 CO_2 分离前的浓度成反比，浓度越高，分离能耗越小，浓度越低，分离能耗越高。因此，高浓度的 CO_2 排放源所具有的优势是 CO_2 分离能耗较小，特别是在一些高浓度 CO_2 排放源（如甲醇厂），为满足化工生产，CO_2 本身就需要分离且分离后的 CO_2 占比可达 99% 以上，因此这些排放源所排放的 CO_2 可直接用于封存等，不需要额外的投资和能耗，从高浓度排放源捕集 CO_2 利于降低 CCS 的能耗和成本，从而推动 CCS 早期的发展。

36. 电力行业应该承担捕集的主要责任吗？

在中国，电厂是最主要的 CO_2 排放源，占总排放量的近 70%。电力行业是我国的能源消耗大户且电力行业煤炭的用量占到 70% 以上，又是我国的 CO$_2$ 排放大户。因此想要大规模地减排 CO$_2$，电力行业应该承担捕集的主要责任。

37. 在中国，除了电力行业还有哪些行业适合应用碳捕集技术？

钢铁、水泥等大规模的固定 CO$_2$ 排放源适用于碳捕集技术。高浓度 CO$_2$ 排放源，诸如煤制甲醇等化工厂也适合应用碳捕集技术，并且能够降低捕集成本，有利于获得早期示范机会。

38. 何谓捕集预留？如何实现捕集预留？

捕集预留是一个设计概念，意即在条件成熟时使得化石燃料电厂能更为经济地被改造为配有二氧化碳捕集与封存技术装备的电厂。捕集预留不应单纯局限于捕集，因为二氧化碳捕集与封存是捕集、运输与埋存的集合。因而捕集预留的概念也包括厂址的选择，将捕集到的尽可能多的二氧化碳运送至封存地点，以降低整个 CCS 过程的总成本。推广二氧化碳捕集与封存的前期步骤之一是在电厂设计与建造过程中预先考虑二氧化碳捕集问题，从而使未来可能的二氧化碳捕集改造更加简单经济。相对于传统电厂，这种预留二氧化碳捕集接口的电厂具有更好的可改造性，而且通过设定合理的封存手段，电厂的设计通过简单的系统配置即可实现，却不会对投资与运行费用产生明显影响。

捕集预留电厂的具体要求如下：①二氧化碳分离过程的技术整合；②为额外装置预留空间；③考虑地点选择的具体标准。

39. 捕集工艺对捕集对象会产生哪些影响？燃料／捕集对象的工艺过程对捕集会产生什么影响？

捕集工艺不同主要会影响捕集对象分离前的浓度和气体分离量，从而影响捕集能耗和成本。燃烧后捕集，由于 CO$_2$ 被大量 N$_2$ 稀释，CO$_2$ 分离前浓度低，且混合气体分离量大，因此捕集能耗高，捕集设备庞大，额外成本也大；燃烧前捕集由于 CO$_2$ 未被稀释，CO$_2$ 分离前浓度一般能达到 30%，待分离的气体量也较小，因此捕集能耗和成本相对较低；富氧燃烧捕集由于产物是 CO$_2$ 和 H$_2$O，只需要简单冷凝就能分离 CO$_2$，分离能耗低，但纯氧的制备需要消耗大量能量和投资，因此捕集能耗和成本也较高。

捕集技术的发展现状

40. 现有的捕集技术有哪几个方向？研发前沿与热点有哪些？

目前国际上现有的捕集技术主要可以概括为燃烧后捕集、燃烧前捕集和富氧燃烧三个方向。燃烧后捕集在能源系统的尾气中分离和回收 CO_2，是能源系统中最简单的 CO_2 回收方式之一。燃烧后捕集目前的研究热点为寻找高效的吸收剂和优化分离流程，降低 CO_2 分离能耗。燃烧前捕集技术是从富 CO_2 的合成气中将 CO_2 分离，研发热点在于富氢燃气轮机的研发、低能耗水煤气变换等。富氧燃烧采用燃料在氧气和 CO_2 环境中燃烧的方式，并将一部分尾气回到系统内循环，排放出高含量（95% 以上）CO_2 的烟气。所需氧气的生产主要通过空气分离方法，包括使用聚合膜、变压吸附和深冷技术等。富氧燃烧的研发热点为低能耗的制氧技术与富氧燃烧器的设计等。

41. 燃烧后捕集的优势和不足是什么？

燃烧后捕集技术的优势在于：相较其他技术，更为成熟、易于和现有的电厂或工业源相结合，增加 CCS 设施后改造较小。燃烧后捕集技术的缺陷在于由于尾气中的 CO_2 被大量 N_2 所稀释，CO_2 浓度较低，因此分离能耗大、CO_2 捕集成本高。

42. 燃烧前捕集的优势和不足是什么？

由于 CO_2 分离是在燃烧过程前进行的，燃料气尚未被氮气稀释，待分离合成气中的 CO_2 约占 30%。燃烧前捕集的优点是：相对燃烧后捕集，待分离气体中 CO_2 占比更高，单位 CO_2 捕集能耗和成本相对更低。燃烧前分离也存在它自身的不足：1）合成气的产生过程与水煤气变换反应均会造成较大的燃料化学能损失；2）目前的燃气透平需要经过改动才能用于燃烧前分离 CO_2 系统，H_2 燃机技术有待开发；3）目前，燃烧前捕集的总投资相对燃烧后捕集更高。

43. 富氧燃烧的优势和不足是什么？

富氧燃烧的优点是燃烧尾气为 CO_2 和水蒸气，通过降温即可分离出 CO_2，因此不需要尾气分离 CO_2 装置，降低了投资成本。虽然富氧燃烧的 CO_2 分离能耗接近为零，但由于需要制氧，空分装置的耗功较大，系统出功降低程度仍比较大（10% ～ 25%），同时空分也大幅增加了系统的额外投资。限制富氧燃烧系统效率提升的瓶颈是空分制氧技术。另外，由于 CO_2 分子量比空气大，其循环最佳压比值将比常规循环大一倍以上，因而气轮机的选型与改造都变得更困难。同时，该技术还需研发新型的富氧燃烧锅炉。

44. 燃烧前捕集、燃烧后捕集以及富氧燃烧技术分别可以通过哪些方式降低能耗？

降低能耗的方式总体可以分为两大类：提高 CO_2 分离等过程的能量利用效率、通过系统集成手段降低能耗。

燃烧前捕集可通过研发低能耗的水煤气变换技术以及开发高效的膜分离技术等降低能耗。

燃烧后捕集主要通过研发高效的化学吸收剂、膜分离技术降低能耗。

富氧燃烧可通过低能耗的制氧技术降低能耗。

45. 研发中的新型捕集技术有哪些？

目前研发中的新型捕集技术包含化学链燃烧技术、低能耗煤基多联产技术、燃料转化和膜分离一体化技术等。

46. 化学链燃烧富集 CO₂ 技术属于哪一类呢？它有哪些关键技术和优势？

化学链燃烧是新型的捕集技术之一。化学链燃烧（chemical-looping combustion，CLC）基本原理是将传统的燃料与空气直接接触反应的燃烧借助于载氧剂（OC）的作用分解为 2 个气固反应，燃料与空气无须接触，由载氧剂将空气中的氧传递到燃料中。如图 3-1 所示，CLC 系统由氧化反应器、还原反应器和载氧剂组成。其中载氧剂由金属氧化物与载体组成，金属氧化物是真正参与反应、传递氧的物质，而载体是用来承载金属氧化物并提高化学反应特性的物质。

通过两个气固循环反应，实现了燃料与空气的不接触，气体生成物是高浓度的 CO_2 和 H_2O，无须 CO_2 分离过程即可回收 CO_2，避免了常规 CO_2 捕集所需的额外能耗，可以零能耗分离 CO_2。

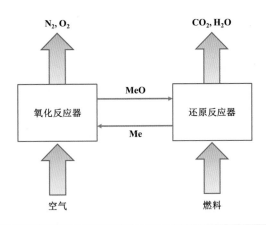

图 3-1　化学链燃烧技术

47. 哪条捕集技术路线更有前景?

对比燃烧前捕集、燃烧后捕集、富氧燃烧,从能耗角度看,燃烧前捕集较低、富氧燃烧居中、燃烧后捕集较高;从投资角度看,目前燃烧前捕集较高、燃烧后捕集较低;从未来成本下降空间而言,普遍认为燃烧前捕集和富氧燃烧的潜力较大,而燃烧后捕集较低。就现有电厂的改造而言,燃烧后捕集更适宜。因此,就当前而言,各条捕集路线各有优势。

捕集能耗和成本

何谓减排能耗? 捕集能耗和减排能耗有什么区别?

减排能耗是指相对于参比系统,CO_2 捕集系统所多付出的能耗代价。单位 CO_2 捕集能耗是指捕集 1 kg 的 CO_2 系统相较参比系统所付出的能耗,其计算式分母为 CO_2 捕集量;单位 CO_2 减排能耗是指捕集 1 kg 的 CO_2 系统相较参比系统所付出的能耗,其计算式分母为 CO_2 减排量,即参比系统的 CO_2 排放量减去捕集系统的 CO_2 排放量。

48. 如何降低捕集能耗?

由捕集能耗的构成可知,降低 CO_2 的捕集能耗可从两方面入手:提高 CO_2 分离前浓度及分离过程本身的效率,降低分离能耗;通过系统集成等手段,提高能源利用效率,从而降低 CO_2 捕集能耗。

49. 捕集成本占 CCS 全环节成本的 80%，为什么这么高？

CO₂ 的捕集成本主要是由两部分组成：投资成本和运行维护成本。投资成本包含 CO₂ 捕集设备的投资及其他为捕集服务的设备及设施投资；运行维护成本包含燃料成本及设备修理维护成本等。相对运输和封存环节，捕集过程为分离 CO₂ 需要付出的额外能耗较高，而且往往处理气量大，捕集设备庞大，因此捕集成本高。

50. 如何降低捕集成本？

通过分析 CO₂ 捕集成本的构成得出降低投资成本的方式主要有：扩大单厂规模、实现设备国产化（自行设计、自行生产等）、实现设备批量生产等。降低运行维护成本的主要措施有：通过系统集成或技术革新降低捕集能耗，减小溶剂消耗，提高设备的利用率和减少修理费用等。

51. 捕集成本的下降潜力如何？会像脱硫一样急剧下降吗？

影响成本下降的主要因素有：技术成熟度、单厂规模、技术总体规模（批量生产）、设备国产化程度及系统效率提升潜力。单厂规模增大所带来的"规模效应"会使捕集成本有所下降，但幅度有限；捕集成本的下降主要取决于技术批量生产规模、国产化程度及系统效率提升潜力。当然，捕集成本在下降之前会经历一个技术经验积累期，在这期间，成本会有所起伏，甚至会出现上升的情况。一旦经验积累成熟，实现大规模批量生产，捕集成本会急剧下降。通过上述措施，燃煤电站单位 CO₂ 捕集成本可从目前的 40 ～ 60 美元 /t 下降 20% ～ 30%，IGCC 燃煤电站的捕集成本可从 30 ～ 40 美元 /t 下降 40% ～ 50%。

52. 捕集是否会产生其他环境问题，比如多耗水和新增污染物排放？

表 3-1　不同二氧化碳捕集技术的水消耗对比

类型	燃烧后捕集		富氧燃烧		燃烧前捕集	
捕集技术	超临界燃煤电厂有机胺溶液捕集		超临界富氧燃烧		Selexol	
水抽取 / 水消耗	△ WW	△ WC	△ WW	△ WC	△ WW	△ WC
水足迹　NETL，2011	83% ～ 84%	89% ～ 91%	31%	37%	31%	45%

注：△ WC—水消耗增量；WW—水抽取增量；Selexol—物理吸收；NETL—美国国家能源实验室。

　　如表 3-1 所示，不同捕集技术的单位发电量的水耗差异较大，燃烧前捕集单位发电量水耗增加约 45%，富氧燃烧约增加 37%，燃烧后捕集增加 91%。

　　能源系统或工业过程捕集 CO$_2$ 不会额外产生其他污染物，诸如 SO$_x$ 和 H$_2$S，因此不会造成额外排放。

第 4 章　CO_2 运输

引言：CO_2 运输的核心问题是什么？

　　CO_2 的运输，是 CCS 系统捕集和封存的连接纽带。运输环节的特性直接影响到 CCS 系统的总体性能。寻求低能耗、低成本、安全的运输方式，是降低 CCS 系统总体成本的有效手段。

CO_2 运输技术概述

53. 都有哪些 CO_2 运输方式？成本如何？

　　CO_2 的运输类似于液化石油气（LPG）和液化天然气（LNG）的运输，可以采用管道运输、船舶运输、铁路和公路罐车运输等。各运输方式的成本与运输距离和运输量等有关。一般而言，CO_2 的输送量越大，单位运输成本越低；运输距离越长，单位运输成本越高。CO_2 管道运输成本和船舶运输成本与距离的关系如图 4-1 所示。

54. 如何选择 CO_2 的运输方式？如何确定 CO_2 输送相态？

　　合适的 CO_2 运输方式与 CO_2 输送量和运输距离有关。一般而言，管道、船舶运输适合大容量、长距离运输，而铁路和公路罐车运输一般用于较小规模的短距离运输。

　　为降低黏度和提高运输量，CO_2 需要被压缩后再运输。以管道运输时，现阶段美国的 CO_2-EOR 管道的运行压力一般为 8.62 ～ 14.96 MPa，而运行温度一般处在 3 ～ 43℃；CO_2 处于超临界状态或者密相液态（压力超过临界压力而温度低于临界温度），黏性小、密度大。以船舶运输时，则需要将 CO_2 压缩至

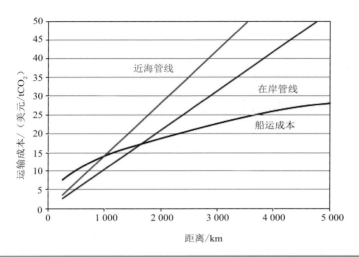

图 4-1 CO₂ 运输成本与距离的关系

0.5 ～ 0.8 MPa（-50 ～ 60℃）（Aspelund 等，2006）。以铁路和公路罐车运输时，则需要将其压缩至 1 ～ 3MPa。

55. CO₂ 输送与油气输送有何异同?

CO₂ 输送与油气输送十分相似，但又有区别。在管道运输时，二者都是高压运输。二者的区别主要有：输送相态不同，对产品所含的杂质成分的要求不同等。就输送相态而言，CO₂ 一般处于超临界状态，而天然气输送一般处于压缩气态、油品处于液态；由于 CO₂ 是酸性气体，为避免腐蚀，CO₂ 管道运输对产品水含量以及含硫杂质的要求更高。另外，CO₂ 比空气的密度大，一旦管道发生大规模泄漏，有可能在管道沿线的低洼地带聚集，如果达到较高浓度则可能对周围人员造成伤害，因为 CO₂ 混合物中的 H_2S、SO_x、NO_x 等对人体有伤害。因此对于 CO₂ 管道，防止 CO₂ 的泄漏并对可能发生的管道泄漏事故制定完备的应急处理方案尤为重要。

CO₂ 管道运输

56. CO₂ 运输管道如何设计? 关键技术参数如何选取?

管道的设计包括管径的设计、经济运量的计算和运输压力的优化等。目前，大多数的研究工作都集中在管径的优化以及防腐蚀方面。管道运输时，CO₂ 一般处于超临界状态。理论上，要使 CO₂ 处于超临界状态，压力大于 7.38MPa、温度高于 31.1℃即可。但是，由于 CO$_2$ 在管道中的压力和温度往往会出现波动，尤其是温度不可避免地会随沿线地区的温度变化而变化，因此要保证管道中的 CO$_2$ 始终处于超临界状态往往是比较困难的。实际上，CO$_2$ 管道运输过程中极力避免的是管道内 CO$_2$ 压力降至临界点压力以下，从而导致管道中出现两相流（此时压力损失特别严重，而且使得再压缩变得困难）。因此，IPCC 特别报告指出需要将 CO$_2$ 压缩至 9.6MPa 以上（IPCC，2005）。CO$_2$ 的输送温度也不宜过高，因为过高的温度会使得加热成本及保温成本迅速增加，CO$_2$ 的输送温度不超过 48.9℃（IPCC，2005）。

57. CO₂ 管道建设需要考虑哪些因素?

运输管道的建设应考虑到地区人口密集程度，地形地貌特点（山区、河流、自然保护区、高速公路）等诸多因素。同时，需要考虑 CO$_2$ 排放源的集中程度。一般而言，在人口较为稀薄的地区建设管道较为适宜，经过山区等地形较为复杂的地区会使得管道建设成本增加。

58. 捕集得到的 CO₂ 不同程度地含有杂质，这些杂质对于运输有什么影响?

管道运输对 CO$_2$ 的杂质成分，特别是硫化物和自由水含量有较为严格的要求，以防止管道腐蚀。一般而言，管道运输对成分的要求为：CO$_2$ 摩尔分数大于 95%；不能含有自由水，并且水蒸气不能超过 $4.8\times10^{-4}/m^3$；H$_2$S 含量必须小于 0.15%（质量分数）；总硫分必须小于 0.145%；高碳化合物含量须小于 5%（摩尔分数），且露点温度不能低于 -28.9℃；氧含量小于 10^{-5}；乙二醇含量小于 $4\times10^{-5}/m^3$，并且在运输条件下不能以液态存在。

资料表明，只要相对湿度小于 60%，干燥的 CO$_2$ 是不会对一般的碳锰钢管道造成腐蚀的。在 N$_2$、NO$_x$、SO$_x$ 存在的情况下，同样适用。在这种情况下，管道的腐蚀率为 $0.002\,5\sim0.01$mm·a^{-1}。然而如果有自由水的存在，则会形成氢氧化合物。这会大大加速对管道的腐蚀，大约为 0.7 mm·a^{-1}，压力越低腐蚀将更严重。

CO₂ 运输安全、风险及监测

59. CO₂ 管道运输安全吗? 存在哪些风险?

运输过程的主要风险为泄漏风险。CO$_2$ 管道运输已有多年的成功运行经验，是一项成熟的技术。CO_2 的管道运输每年报告发生的事故低于 1 次 [0.000 3/ (km·a)]，且没有伤亡事故。因此，CO_2 管道运输是安全的。但是，由于二氧化碳运输管道泄漏会发生一系列不同于油气管道泄漏的问题，如高压 CO_2 从管道裂缝中喷射出，CO_2 形成干冰覆盖在泄漏点周围；管道中 CO_2 压力降低，形成两相甚至三相流，对管道安全产生更大影响等，所以仍然需要针对具体运行参数进一步研究，提出安全预案。

60. 监测方法有哪些？运行时该如何监测？

管道在运行过程中一般需要监测管中流体的流量、压力和温度等，相关管道监测技术在天然气管道运行中已经非常成熟，基本上可以被移植到 CO_2 管道监测中。对于 CO_2 管道，还可以通过增加管道沿线监测仪器的数量、加大监测数据的采集频率、采用灵敏度更高的新型监测技术等手段提高监测效果，及时发现 CO_2 管道事故，降低 CO_2 管道泄漏的发生概率。除了仪器监测的手段外，对于 CO_2 管道这种危险系数较高的流体管道，还可以增设人工监测的手段。如果管道事故导致 CO_2 大量泄漏，CO_2 会在空气中气化而吸热，致使泄漏点周围空气中的水蒸气凝结而产生"白雾"，这很容易通过目测发现。

61. 如何应对泄漏等紧急事故？有无成熟的应急处理措施？

尽管采取了各种提高管道安全性、降低管道事故发生率的手段，但是往往不可能完全杜绝管道事故的发生。一旦 CO_2 管道发生意外事故，需要立即进行事故应急处理。

一般情况下，一旦监测到环境中 CO_2 超标或发生 CO_2 事故，有关部门首先需要第一时间疏散事故地点周边居民。同时，管道运营者对发生事故的管道段进行维修或更换。首先将事故发生位置两侧功能完好的截断阀全部截断，将两个截断阀中间管段里残留的 CO_2 排空，然后对发生事故的管段进行修复或更换。

第 5 章　地质封存

引言：地质封存的核心问题是什么？

地质封存的核心问题包括选址、封存的安全性和长期稳定性，以及风险应对。

CO_2 地质封存技术概述

62. CO_2 地质封存的原理是什么？如何实现 CO_2 的长期地质封存？

CO_2 地质封存是把集中排放源分离得到的 CO_2 注入地下深处具有适当封闭条件的地质构造中储存起来。当二氧化碳被注入地下时，二氧化碳置换部分已经存在的流体获得存在空间，并与已经存在的流体发生溶解反应，最终与储层岩石中的矿物质发生矿化反应以长期封存于地质储层中。在石油天然气储层中，置换量较大，而在咸水层构造中，潜在的封存量就比较低，估计仅占孔隙体积的百分之几到 30%。CO_2 地质封存机理可分为两大类：物理封存和化学封存。物理封存包括构造地层封存、束缚封存和水动力封存，化学封存包括溶解封存和矿化封存。

63. CO_2 在地下是什么状态？

地质封存二氧化碳的深度一般在 800 m 以下，此处地层温度高于 31.1℃，压力高于 7.38MPa，二氧化碳处于超临界状态。在超临界状态，CO_2 是一种高密度气体，不会发生相变，并具有类似液态的性质。其密度接近于液体，使得封存空间大大增加；黏度接近于气体。由于其密度为水的 50%～80%，可产生驱使二氧化碳向上的浮力。因此，选择用于封存二氧化碳的地层必须有良好的封闭性能，以确保把二氧化碳限制在地下。

64. CO_2 封存系统由哪些部分构成？

CO_2 地质封存系统不仅包括为实现二氧化碳封存所需要的工业设备，如注入井、监测井、监测仪器，以及相关的地表设施等，还包括注入的二氧化碳所占据的地质储层、受到二氧化碳注入影响的储层空间以及地质储层所对应的地表土地。

65. 都有哪些 CO_2 地质封存方式？

CO_2 地质封存方式主要包括：沉积盆地内的深部咸水含水层、强化石油开采（CO_2-EOR）、强化煤层气开采（CO_2-ECBM）、已枯竭的油气藏封存以及开采过的大洞穴、盐岩溶腔和废弃的矿藏等。

66. 如何选址？基本原则是什么？

CO_2 地质封存选址主要考虑如下因素：位于地质构造稳定的地区，所封存的气体向大气泄漏的可能性微小；储层孔隙度和渗透率高，有一定厚度，能达到所需要的封存容量；上层有不透气的盖层。

封存选址的基本原则：既有可灌注性良好的储层，又有稳固的盖层，区域地质构造稳定，无贯通性的盖层裂缝、断裂和废弃井等地质缺陷风险因素，能够确保 CO_2 安全地质封存 1 000 年以上，且场地地面工程不受地表不良地质作用影响，源汇匹配合理，成本相对较低，并符合当地工农业发展规划、相关法律政策和环境保护目标要求（中国二氧化碳地质储存地质基础及场地地质评价. 北京：地质出版社，2011）。

封存潜力、源汇匹配和封存成本

67. 如何评估封存潜力？我国的封存潜力大吗？重点区域有哪些？

在人们的印象中，地层的封存潜力是巨大的，而越来越多的事实表明，二氧化碳并不是"无缝不入"的，在庞大的地层孔隙中，只有很小一部分可以在现有科学技术条件下有效地达到封存目的。如图 5-1 所示，加拿大学者 Bachu 等人提出将地层存储容量分为四类：理论容量、有效容量、实际容量和匹配容量。

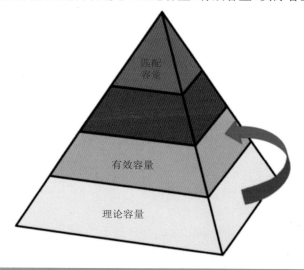

图 5-1　封存效率金字塔

　　理论容量（theoretical capacity）指的是地层中所有的物理孔隙的总体积。即二氧化碳以饱和状态最大化地充满整个地层，这是一种理想的、不切实际的情况。

　　有效容量（effective capacity）是理论容量的子集，指的是考虑现有技术和物理条件可以达到的最大容量，随着技术的提高，有效容量也会相应改变。

　　实际容量（practical or viable capacity）是有效容量的子集，指的是考虑技术、法律、基础设施、经济等综合因素后，所能达到的容量。它更易随着政策、经济、技术等迅速调整。

　　匹配容量（matched capacity）是实际容量的子集，是对封存地点可储存二氧化碳量全方面匹配后所得的静止封存量。其位于金字塔的顶端，也正是我们所关心的可封存量。

表 5-1　中国 CO$_2$ 地质封存容量的初步评估结果 [6]

封存方式	理论容量 / 亿 t
陆上咸水层	7 738 ～ 22 880
海上咸水层	6 610 ～ 7 767
枯竭油气田	51.8 ～ 70
EOR	48 ～ 135
ECBM	58 ～ 120
总计	14 505.8 ～ 30 972

6　表中理论容量数据根据相关期刊文章、报告数据汇总。

表 5-1 给出了我国的地质封存容量的初步评估结果，值得注意的是表中给出的是理论容量，即图 5-1 中金字塔最底层的封存量。

相关研究表明，在我国众多盆地中，鄂尔多斯盆地、准噶尔盆地、松辽盆地、渤海湾盆地、四川盆地、塔里木盆地和柴达木盆地的封存地质条件较好，也存在多种类型的排放源，是实施全流程 CCUS 系统示范的优先地域；现阶段，中国东部和中部 CO_2 排放源比较集中，考虑源汇匹配，在该区域盆地内实施全流程示范的机会高于西部盆地，但需充分评估具体示范项目的开展对当地人体健康和环境安全的影响。

68. 我国源与汇的匹配情况如何？

CO_2 大点源集中在主要工业区及城区附近，许多这样的源在 300 km 的区域内具有潜在的适合地质封存的构造，因此我国具有较好的源（CO_2 排放点源）与汇（适合封存 CO_2 的地质构造）的匹配情况。

69. CO_2 封存设备的国产化程度如何？

我国目前正大力研发 CO_2 封存注采关键装备国产化技术，如研究高压耐酸大排量压缩机设计与制造技术，研制适合 CO_2 驱油与封存的井口和井下装备工具。

70. CO_2 封存的成本如何？

对于在盐沼池构造和枯竭油气田中封存，典型的成本估值为注入 1 t CO_2 为 0.5～8 美元。此外每吨 CO_2 还有 0.1～0.3 美元的监测成本。因为可以重新启用已有的油气井和基础设施，沿岸的、浅的、渗透度高的储层和 / 或封存地点的封存成本最低。

71. 如何降低封存成本？

单位 CO_2 封存成本随封存地点的地质条件不同而差异很大，一般在同一封存地点随总封存量的增大而减少。因此在保证封存安全性的前提下，实施大规模的 CO_2 地质封存能够降低单位 CO_2 封存成本。

安全、风险及监测问题

72. 地质封存存在哪些风险？

CO$_2$ 地质封存的主要风险是泄漏到近地面、地面或者泄漏入地层水，有学者指出，CO$_2$ 地质封存有可能诱发地震、产生地面变形和诱发地质灾害等。由于浮力的作用，注入的二氧化碳将迁移到注入储层顶部，这使二氧化碳的封存区域范围扩大。任何地层的裂隙都可以成为 CO$_2$ 可能的泄漏途径，因此在前期封存场地筛选中，需要重点关注地层已有裂缝、盖层中不当钻孔或不规则渗透率分布等。由于 CO$_2$ 初期将向上迁移，物理封存机制以及当地的储层非均质性变得尤其重要。

地质储层中 CO$_2$ 封存泄漏可能引起的环境风险包括全球环境影响和局部环境影响。全球环境影响指如果封存构造中的部分 CO$_2$ 泄漏到大气中，那么释放出的 CO$_2$ 可能引发显著的气候变化。此外，如果从封存构造中泄漏 CO$_2$，那么可能给人类、生态系统和地下水造成局部灾害，这是局部环境影响[7]。

关于全球风险，根据对目前 CO$_2$ 封存地点、自然系统、工程系统和模式的观测和分析，在经过适当选择和管理的储层中保存达 100 年之久的概率很可能超过 90%[8]，历经 1 000 年的保留程度有可能超过 99%。被保留的部分可能历经更长时间，因为随着时间推移，渗漏的风险预计会减少。

关于局部风险，可能发生渗漏的有两种情景。第一种情景，注入井破裂或废弃油气井泄漏有可能造成 CO$_2$ 突然快速的释放。如果使用当今技术来控制油气井的井喷，则可以快速检测并阻止这种释放。与这种释放有关的灾害主要影响发生地附近的工人或前来控制井喷的人员。空气中 CO$_2$ 的体积分数大于 7% 将立刻危害人们的生活和健康。控制这种释放可能需要数小时乃至数天，与注入的总量相比，所释放的 CO$_2$ 总量可能很小。在石油和天然气行业，采用工程和行政控制措施能定期对这些灾害进行有效的管理。

第二种情景，通过未被发现的断层、断裂或泄漏的油气井发生渗漏，其释放到地面缓慢扩散。在这种情况下，灾害主要影响饮用蓄水层和生态系统，因为 CO$_2$ 聚集在地面与地下水位的上部之间的区域。在注入过程中由于 CO$_2$ 的置换，直接泄漏到蓄水层的 CO$_2$ 和进入蓄水层的盐水都能影响地下水。在该情景中，也可能存在土壤的酸化和土壤中氧的置换。此外，如果在无风的低洼地区或位于弥散泄漏上方的蓄水池和地下室发生渗漏，一旦没有检测到该渗漏现

---

7 IPCC 特别报告：二氧化碳捕集与封存，2005。

8 90%～99% 的概率。

象，则人和动物都将受到伤害。

73. CO_2 地质封存的安全性如何？

从技术上看，往地下注入气体已有 30 多年的工业经验，完全能够保证二氧化碳的封存不泄漏。目前全球有超过 602 座地下天然气储库、44 个硫化氢与 CO_2 处置场，108 个注入 CO_2 增采石油项目。另外，我国已发现约 30 个天然 CO_2 气田，泰兴黄桥气田已探明储量达 $64 \times 10^8 m^3$，这些天然存在的 CO_2 气田也能够证明 CO_2 地下封存是安全可行的。

因此在场地选择恰当、操作规范、监控严密及应急措施具备的情况下，CCS 的安全性是可以得到保证的。

74. 有哪些 CO_2 地下运移情况监测方法？

二氧化碳地质封存的监测是 CCS 技术的重要环节，是二氧化碳地质封存项目成功的重要保障，其主要任务是监测封存点的二氧化碳泄漏，采集监测数据，提供二氧化碳泄漏量数据。

目前已有诸多监测技术，例如常规监测技术、地球物理勘探技术、地球化学监测技术、遥感监测技术、示踪剂监测技术等，并应用于 CO_2-EOR、污染物地下埋存、地下水流动等监测。根据位置的不同，有大气监测、地表监测、地下浅层监测和井中监测技术。根据监测对象的不同，有气体监测、水监测、地层监测、土壤植被监测等。如何将已有的这些技术统筹合理地用于二氧化碳封存项目，包括不同技术的配合问题，还需要进行系统的研究和分析。

75. 如何监测和应对封存风险？

实行 CO_2 地质封存动态监测是控制 CO_2 地质封存工程实施，掌握 CO_2 羽状体在储层中的运移分布状况，评价和保证 CO_2 地质封存有效性、安全性和持久性的基础。动态监测分为：灌注前环境 CO_2 背景值监测，灌注期灌注工程控制监测和封场后安全性、持久性监测三个阶段。

在 CO_2 地质封存之前，评估各个风险因素及应对和补救措施。当风险发生时，不仅要立即停止注入 CO_2，还要采取相应的补救对策阻止泄漏对人群和生态环境产生严重影响。

76. 何谓项目关闭？关闭之后如何进行管理和监测？

监管部门对二氧化碳地质封存项目关闭的认证意味着该封存项目的正式结束，但并不意味着对该项目就不再需要开展任何工作了。

二氧化碳地质封存项目的风险在项目关闭后会随着时间逐渐缓慢下降，对应的事故发生概率也随之下降。美国碳封存工作组建议将关闭后管理期限分成两个阶段，即关闭后保护期和长期监管期。其中，关闭后保护期管理至少需要10年，通过连续监测以确认二氧化碳羽状体保持稳定；长期监管期管理通过间歇监测来确认储层的稳定性，监管时间不确定。

77. 封存过程中是否产生二次污染？

在场地选择恰当、操作规范和监控严密的情况下，封存过程中不会产生二次污染。

第 6 章　CO_2 利用

CO_2 利用技术

78. 什么是 CO_2 利用技术?

二氧化碳利用技术是指利用 CO_2 的物理、化学或生物等作用，生产具有商业价值的产品，且与其他生产相同产品或者具有相同功效的工艺相比，可实现 CO_2 减排效果的工农业利用技术。

79. 利用和封存的主要差别在哪里? 前者的优势和不足有哪些?

从 CO_2 的去向来看，封存是将 CO_2 长期固定于地质层中，避免 CO_2 以气体形式存在于大气层中；而 CO_2 的利用则是把 CO_2 作为某种具有特定用途的原料使用到某项人类经济活动中，实现其资源化。利用和封存的技术手段和技术成本均不同，主要联系是：可以将封存与油气资源等地质开采联合起来，实现利用。

CO_2 利用的优势在于：1）降低碳捕集和封存的成本；2）创造新的产品和就业机会；3）有利于 CCUS 技术的推广和产业化。不足是：CO_2 的化学惰性较强，实现其转化在热力学上是不利的。

80. 我国 CO_2 利用的潜力和中长期发展前景如何? 对减排的贡献如何?

从 CO_2 利用技术发展现状以及当前趋势发展来看，二氧化碳利用技术将在未来 20 年里发挥较大的减排作用。到 2030 年，CO_2 利用技术预计可实现 CO_2 减排量达到约 2 亿 t/a。

81. CO$_2$ 利用技术在我国温室气体减排战略中扮演什么角色？CO$_2$ 利用能替代 CO$_2$ 封存吗？

短期来看，CO$_2$ 利用技术能够获得一些经济收益，对 CCS 的发展具有推动作用；长期来看，CO$_2$ 利用技术的减排潜力有限，难以替代 CO$_2$ 封存。

82. CO$_2$ 利用的重点技术有哪几类？

CO$_2$ 利用的重点技术可分为以下几类：利用 CO$_2$ 合成化工产品、生物燃料或合成燃料等；利用 CO$_2$ 进行资源驱替，如 CO$_2$-EOR、CO$_2$-ECBM、CO$_2$-EGR 等；食品级 CO$_2$ 利用，如碳酸饮料；CO$_2$ 的矿化技术等。

以 CO$_2$-EOR 和 CO$_2$-ECBM 为代表的地质利用技术

83. 地质利用技术的原理有哪些？（CO$_2$-EOR、CO$_2$-ECBM 和 CO$_2$-EGR 等技术原理）

二氧化碳强化驱油技术（简称强化驱油，CO$_2$-enhanced oil recovery，CO$_2$-EOR）是指将 CO$_2$ 注入油藏，利用其与石油的物理化学作用以实现增产石油并封存 CO$_2$ 的工业工程。

强化驱油技术包括二氧化碳吞吐工艺和二氧化碳驱油工艺。前者不能实现二氧化碳地质封存。二氧化碳驱油是在一部分注入井注入二氧化碳，而在另外一部分油井开采原油，二氧化碳作为驱替剂在油藏中经历较长距离和较长时间的运移。CO$_2$ 在油藏运移过程中，部分 CO$_2$ 会溶解、分散在地层水和原油中，或以自由相占据没有与井相连通的孔隙空间，这一方面增加了油藏的能量；另一方面，CO$_2$ 和原油混合，又降低了原油的黏度和密度，可大幅度增加原油的产量和采收率。同时，实现部分二氧化碳的地质封存（图 6-1）。

我国强化驱油的二氧化碳封存容量可达 20 亿 t 以上，原有增产容量可达 7 亿 t 以上。根据远景资源量调查结果对陆上近 30 个盆地的评估，强化驱油的封存容量为 191.79 亿 t。

国外强化驱油技术已达到商业应用水平，我国强化驱油技术也已处于工业应用的初期水平。强化采油的发展趋势是鼓励封存更多的 CO$_2$，但这会增加 CO$_2$ 成本，降低采油经济效益。这需要政府制定相应的补偿、激励政策。强化采油存在一定的安全性、稳定性方面的风险。

二氧化碳驱替煤层气技术（简称驱替煤层气，CO$_2$-enhanced coalbed

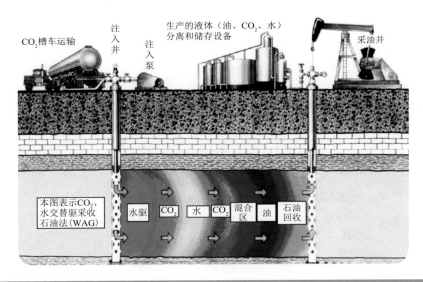

图 6-1 二氧化碳驱油技术示意图

methane recovery, CO_2-ECBM）是指将 CO_2 或者含 CO_2 的混合气体注入深部不可开采煤层中以实现 CO_2 长期封存并同时强化煤层气开采的过程（图 6-2）。

二氧化碳驱替煤层气技术比煤层气的单纯抽采方法有较高的煤层气产量，可以起到强化煤层气生产的作用。这是因为，首先，在相同的温度和压力条件下，煤体表面吸附 CO_2 的能力大约是吸附甲烷的 2 倍，因此，CO_2 注入煤层后更容易被煤吸附，从而将原来吸附的 CH_4 置换出来。其次，CO_2 的注入直接导致了煤层自由气体中 CH_4 浓度的降低及 CO_2 浓度的增加，打破了原来吸附甲烷与自由甲烷之间的平衡。为了达到新的平衡，CO_2 将加快吸附，CH_4 则会加快脱附，变成自由气体从而容易被开采。再次，注入 CO_2 可使注入井周围维持较高的压

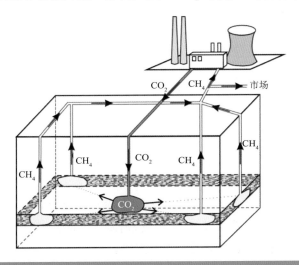

图 6-2 二氧化碳驱替煤层气技术示意图

力，从而提高煤层气流量，进而提高产量和采收率。

通过 CO_2 驱替煤层气技术实现 CO_2 减排既有直接减排也有产品替代减排。直接减排量是指注入煤层被吸附封存的 CO_2 的数量；产品替代减排量是指开采的煤层气作为一种高效清洁能源替代标准煤，间接减少的 CO_2 排放数量。

我国 CO_2 驱替煤层气技术的 CO_2 理论封存容量约为 100 亿 t。

总体上来讲，驱替煤层气技术在国际上已经处于工业应用的初期水平。我国驱替煤层气技术处于技术示范的初期水平，但还存在一些技术难题，预计还需要 10 年以上的研发示范才能达到商业应用水平。

驱替煤层气技术比单纯抽采法在稳定性、安全性方面的风险大。

二氧化碳强化天然气开采技术（简称强化采气，CO_2-enhanced natural gas recovery, CO_2-EGR），指注入 CO_2 到即将枯竭的天然气气藏底部，将因自然衰竭而无法开采的残存天然气驱替出来从而提高采收率，同时将 CO_2 封存于气藏地质结构中实现 CO_2 减排的过程（图6-3）。

强化采气技术的原理主要涉及超临界 CO_2 和天然气的重力分异过程。在一般地层条件下，超临界 CO_2 密度很大，与液体接近，而天然气的密度和黏度比超临界 CO_2 小很多。受重力分异的作用，超临界 CO_2 会倾向于向气藏下部沉降，即沉积在较轻的天然气下方形成"垫气"，整个体系趋于超临界 CO_2 与天然气不完全互溶的非平衡态，从而实现 CO_2 的封存并有效驱替天然气。

与驱替煤层气技术相同，强化采气技术除了通过封存 CO_2 实现直接减排外，还提高了天然气采收率，实现了 CO_2 的间接减排。

我国强化采气的 CO_2 封存容量为 10 亿 t 至数百亿吨。

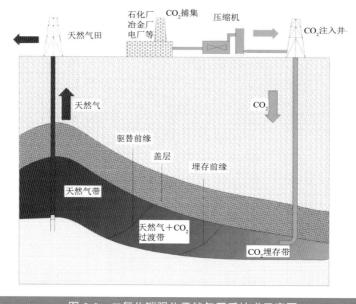

图6-3　二氧化碳强化天然气开采技术示意图

国外强化采气技术处于技术示范的初期到中期水平，而我国处于基础研究水平。选址不当则存在 CO$_2$ 泄漏的风险。

84. CO$_2$-EOR 和 CO$_2$-ECBM 与二氧化碳咸水层封存的区别是什么？

CO$_2$-EOR 和 CO$_2$-ECBM 既实现了 CO$_2$ 利用，同时又实现了 CO$_2$ 的地质封存。与咸水层封存不同的是，CO$_2$-EOR 和 CO$_2$-ECBM 需要将与增采的油混杂在一起的 CO$_2$ 进行油气分离，然后再次注入油气田，以实现 CO$_2$ 的循环利用。因此，在增采油气期间，CO$_2$-EOR 和 CO$_2$-ECBM 只能实现部分而非全部 CO$_2$ 封存。而咸水层封存则是直接将 CO$_2$ 注入地下，并没有 CO$_2$ 回收回路，能够实现全部 CO$_2$ 封存。

85. CO$_2$-EOR 和 CO$_2$-ECBM 的技术优势是什么？

CO$_2$-EOR/CO$_2$-ECBM 的技术优势在于目前已有的工程经验相对较为丰富，且能够通过石油和煤层气增产获得一定的经济收益，同时能够实现 CO$_2$ 的部分封存。

86. 在 CO$_2$-EOR 和 CO$_2$-ECBM 的过程中主要能耗和成市构成如何？主要的监测指标和相关技术是什么？涉及哪些技术装备？

CO$_2$-EOR 和 CO$_2$-ECBM 过程的主要能耗为 CO$_2$ 再压缩能耗，主要成本为 CO$_2$ 压缩机及注入井的投资以及电力运行成本。

与其他地质封存一样，CO$_2$-EOR 和 CO$_2$-ECBM 的动态监测分为灌注前环境 CO$_2$ 背景值监测，灌注期灌注工程控制监测和封场后安全性、持久性监测三个阶段。主要任务是监测封存点的二氧化碳泄漏量。

相关监测技术包含地球物理勘探技术、地球化学监测技术、遥感监测技术、示踪剂监测技术等，并应用于强化驱油、污染物地下埋存、地下水流动等监测。

主要涉及高压耐酸大排量压缩机设计与制造技术，适合 CO$_2$ 驱油与封存的井口和井下装备等。

CO₂ 化工、生物利用和其他的处理技术

87. CO₂ 化工和生物利用的代表性技术有哪些？

二氧化碳与氨气合成尿素、二氧化碳与氯化钠生产纯碱、二氧化碳与环氧烷烃合成碳酸酯以及二氧化碳合成水杨酸技术、CO_2 与甲烷重整制备合成气技术、微藻固定 CO_2 转化为生物肥料技术等。

88. CO₂ 矿化技术发展现状如何？

CO_2 矿化技术包含钢渣矿化技术、磷石膏矿化利用 CO_2 技术、钾长石加工联合 CO_2 矿化技术等。

钢渣矿化技术是指以钢铁生产过程产生的大量难以处理的钢渣为原料，利用其富含钙、镁组分的特点，通过与 CO_2 碳酸化反应，将其中的钙、镁组分转化为稳定的碳酸盐产品，并使利用后的钢渣得到稳定化处理，实现工业烟气中 CO_2 原位直接固定与钢渣工业固体废物协同利用。目前，我国钢渣未利用量为 5 000 万 t/a，而每吨钢渣理论上可固定 300 ～ 400 kgCO_2，CO_2 潜在减排量较为可观。目前，钢渣矿化技术已进入工程示范阶段，在"十二五"国家科技支撑计划项目支持下，首钢集团和中国科学院过程工程研究所开展了钢渣直接矿化 CO_2 关键技术 5 万 t 级示范工程建设。

磷石膏矿化利用 CO_2 技术主要是指在氨介质体系中，使磷石膏中的硫酸钙与 CO_2 发生反应生成碳酸钙和硫酸铵。当前，我国未利用的磷石膏超过 5 000 万 t/a，而每吨磷石膏可实现理论减排 CO_2 约 0.33 t，因此该技术市场前景较好。目前，该技术在国内外已经开展长期的技术研究并建立了工业运行装置，当前的研发重点是突破反应装置大型化，以及进一步提高经济效益。

钾长石加工联合 CO_2 矿化技术是指在钾长石加工制钾肥过程中，利用提钾废液渣中的二价钙离子与 CO_2 反应，起到矿化固定 CO_2 效果，同时减少废弃物排放。理论上，该技术每吨产品可实现 CO_2 减排约 0.45 t。该技术的难点在于矿物活化和矿渣的综合利用，目前处于研发阶段，正在开展中试研究，达到工业化应用仍需要一定时间。

89. CO₂ 利用技术目前还有哪些研究热点？

在各领域，CO_2 利用技术不断得到发展，如用作纸张的填充剂和原料、代替氟氯烃用作发泡剂、用作烟丝膨胀剂、用作植物气肥、微藻吸附和制造生物

柴油等。其中最具潜力的是微藻吸附技术，因为 CO$_2$ 其他应用规模较小，难以用来解决亿吨级的 CO$_2$ 利用问题。

表 6-1　新兴的二氧化碳化工利用技术（研发阶段）

领域	具体技术	技术成熟度	减排潜力（2020年）/（万 t/a）	减排潜力（2030年）/（万 t/a）
能源	CO$_2$-CH$_4$ 重整制备合成气	基础研究	1 500	5 000
	CO$_2$ 热解间接制备液体燃料	基础研究	0	150
化学品	CO$_2$ 加氢制备甲醇	技术示范	2 000	5 000
	CO$_2$ 制备甲酸	基础研究	—	—
	CO$_2$ 制备有机碳酸酯及含氮中间体	技术研发、示范	350	500
	CO$_2$ 矿化利用制备无机化学品	工程示范	500	1 500
材料	CO$_2$ 制备可降解聚合物材料	应用、技术攻关等	170	220
	CO$_2$ 制备异氰酸酯、聚碳酸酯 / 聚酯材料	工程示范前期	6～18	约 70

目前处于研发阶段的新兴的二氧化碳化工利用技术见表 6-1。

第 7 章　CO_2 工程实践

90. 全球 CCS 大型示范工程有几个？主要集中在哪些国家和地区？

根据全球碳研究院的统计，截至 2015 年年底，全球共有 40 个大型 CCS 一体化项目，比 2013 年（72 个）减少约 44%。40 个大型一体化项目中，12 个位于美国，8 个位于中国，6 个位于欧洲，5 个位于加拿大，3 个位于澳大利亚和新西兰，2 个位于中东，2 个位于亚洲其他地区，1 个位于非洲，1 个位于南美。大型 CCS 一体化项目分布如图 7-1 所示。

图 7-1　截至 2015 年全球大型一体化 CCS 项目进展情况

91. 这些示范项目都处于哪个阶段？共有多少个运行中的大型示范工程？

示范项目发展阶段一般分为运行阶段、在建阶段、规划和定义阶段、评估和立项阶段。在 40 个大规模一体化项目中，共有 15 个运行中的大型 CCS 一体化项目，另外有 7 个正在建设中。这 22 个已经运行或者正在建设的项目累计每年能够捕集 4 000 万 t/a 的 CO_2。同时，还有 6 个大规模 CCS 项目处于规划和定义阶段，预计每年能够捕集 CO_2 600 万 t。有 12 个项目处于更早期的评估阶段，CO_2 捕集量大约为 2500 万 t/a。表 7-1 和表 7-2 分别列出了目前正在运行和正在建设中的大规模 CCS 一体化示范项目。

表 7-1　正在运行的大规模 CCS 一体化示范项目

名称	规模 /（万 t/a）	CO_2 来源	CO_2 处置	所在地
壳牌加拿大奎斯特（Quest）油砂项目	100	工业氢气分离	咸水层	加拿大
盖瓦尔油田（Uthmaniyah）CO_2 驱油项目	80	天然气加工	EOR	沙特阿拉伯
加拿大边界大坝电站 CCS 项目	100	燃煤电厂燃烧后	EOR	加拿大
甲烷水蒸气重整 EOR 项目	100	工业氢气分离	EOR	美国
美国 Coffeyville 气化厂 CO_2 捕集项目	100	工业分离 - 化肥生产	EOR	美国
美国 Lost Cabin 天然气加工厂	90	天然气加工	EOR	美国
Petrobras Lula 油田 CCS 项目	70	天然气加工	EOR	巴西
世纪 CO_2 捕集项目	840	天然气加工	EOR	美国
In Salah CO_2 注入项目	100	天然气加工	咸水层	阿尔及利亚
Sleipner CO_2 注入项目	100	天然气加工	咸水层	挪威
Snøhvit CO_2 注入项目	70	天然气加工	深海咸水层	挪威
美国大平原合成燃料厂及 Weyburn-Midale 项目	300	煤制天然气	EOR	美国 / 加拿大
Shute Creek 天然气加工厂 CO_2 捕集项目	700	天然气加工	EOR	美国
Enid 化肥厂 CO_2-EOR 项目	68	天然气制氮肥	EOR	美国
Val Verde 天然气加工厂 CO_2 捕集项目	130	天然气加工	EOR	美国

表 7-2　在建大规模 CCS 一体化示范项目

名称	规模 /（万 t/a）	CO₂ 来源	CO₂ 处置	所在地
阿尔伯塔碳运输专线（"ACTL"）CO₂ 捕集	120 ～ 140	天然气制氮肥	EOR	加拿大
阿尔伯塔碳运输专线（"ACTL"）炼油厂 CO₂ 捕集	30 ～ 60	炼油厂	EOR	加拿大
伊利诺斯工业 CCS 项目	100	玉米制乙醇	咸水层封存	美国
美国肯珀（Kemper County）IGCC 项目	300	IGCC 燃烧前	EOR	美国
Gorgon CO₂ 封存项目	340 ～ 400	天然气加工	咸水层封存	澳大利亚
美国帕里什（Petra Nova）CO₂ 捕集项目	140	燃烧后捕集	EOR	美国
阿布扎比（Abu Dhabi）CCS 项目	80	钢铁生产	EOR	阿拉伯

92. 从全球范围看，电力行业的 CCS 示范情况如何？

截至 2015 年年底，全球约有 13 个大型发电厂 CCS 一体化项目，其中 6 个项目采用燃烧后捕集技术，1 个项目采用富氧燃烧技术，5 个项目采用 IGCC 燃烧前捕集技术。6 个项目所捕集的 CO₂ 用于或拟用于咸水层封存，6 个项目用于 EOR。

目前电力行业运行的 CO₂ 捕集示范项目以小规模为主，但在 2014 年加拿大的边界大坝电站实现了商业规模的 CO₂ 捕集，每年约捕集 CO₂ 100 万 t。另外有 2 个大规模的发电厂 CCS 示范项目正在建设中，预计于 2016 年 [9] 开始运行，即美国的 Kemper 项目和 Petra Nova 碳捕集项目。前者采用燃烧前捕集技术，后者采用燃烧后捕集技术。

93. 全球 CCS 大型示范工程成功的案例有哪些？具有哪些共性特征？

目前成功运行的商业化大型 CCS 示范项目主要有美国和加拿大的 Weyburn、美国的 Cortez、美国的 Canyon Reef、土耳其的 Bati Raman、挪威国

9　资料截至 2015 年年底。

家石油公司在北海 Sleipner 油气田的 CO$_2$ 海底封存项目以及加拿大边界大坝电站燃烧后捕集 CO$_2$ 项目等。大多数新立项的 CCS 一体化项目与提高石油采收率有关。来自石油的额外收入，使得 CO$_2$-EOR 技术成为一种支持项目的强大推动力，在美国、中国和中东地区尤为明显。

目前较为成功的 CCS 示范工程具有以下特征：1）与天然气加工过程或者天然气源相结合。由于这些气源所含 CO$_2$ 浓度较高，因此捕集成本较为低廉。2）CO$_2$ 封存往往与 EOR 和 ECBM 相结合，通过石油或煤层气增采获得一定的收益。可见，利益驱动是 CCS 示范能否成功的重要因素之一。3）环保政策 + 利益的驱动。例如，挪威的 CO$_2$ 海底封存项目，主要是出于两方面考虑：一方面，Sleipner 油气田出产的天然气含有 9% 的二氧化碳，比市场标准多出 2.5 个百分点，这部分超出标准的二氧化碳需要被分离出来；另一方面，如果把分离出来的二氧化碳排放到空气当中，不但会引起环境变化，还会导致挪威国家石油公司为每吨排放支付高达 60 美元的环境税费。为了在分离二氧化碳的同时保护环境，挪威国家石油公司决定采用碳捕集和封存技术，把二氧化碳从天然气里面分离出来，并且注入比海底还要深 1 000 多米的地下，利用厚厚的地层封闭气体。从 1996 年至今，Sleipner 油气田已经收储了 1 200 万 t 二氧化碳，不但避免了环境污染，挪威国家石油公司也从节省下的环境税费中获取了 7.2 亿美元收入。

94. 全球 CCS 示范的发展态势如何？问题在哪里？

概括而言，全球 CCS 示范工程经历了三个阶段：2005 年以前，在这一阶段，所有商业运行 CCS 项目的 CO$_2$ 气源均为天然气开采或化工生产，埋存多为 EOR。可以说，这些项目的主要目的不是 CO$_2$ 的捕集与封存，而是天然气和石油开采，因此不能称为严格意义的 CCS 示范项目；2005—2010 年，由于 IPCC 特别报告的发布，CCS 技术广受关注，各国在这个阶段集中发布了各自的 CCS 技术示范的计划安排。以欧盟为代表，2007 年启动的旗舰计划试图在 2015 年以前建设 12 座大规模示范工程；2010 年至今，每年都有大批示范项目被取消，根据 GCCSI 的统计，2011 年，11 个项目被取消，2012 年，8 个项目被取消。被取消的项目大部分集中在欧洲（在 NER300 第一轮资助中，没有 CCS 项目获得欧盟的资助，但却有 23 个可再生能源项目获得了约 12 亿欧元的资助，原因是 CCS 项目投资过大、无法满足资金缺口以及提案本身不成熟等），大批项目遇阻的结果是，欧盟目前没有一个在建的大规模示范项目。在这一背景下，IEA 发布的 2013 版全球 CCS 技术路线图不得不将 2020 年的示范项目目标数从 100 个大幅减少到 30 个。另一个值得注意的现象是，2010 年以来，虽然全球计划、在建和运行的大规模 CCS 示范项目总数一直维持在 70~80 个，但事实上，新增的示范项目多集中在以中国为代表的发展中国家。可以说，全球 CCS 示范的进展远远落后于预期。

目前，全球 CCS 示范的进展远远落后于预期主要还是由于现有的 CCS 技术的额外能耗和投资过高。

95. 我国 CCS 示范的现状如何？存在哪些问题？

我国 CCS 示范还处于小规模示范阶段。目前我国已投运的捕集示范项目主要有：北京热电厂 3 000 t/a CO$_2$ 捕集示范，上海石洞口 12 万 t/aCO$_2$ 捕集示范，重庆双槐 1 万 t/aCO$_2$ 捕集示范等。华能绿色煤电天津 IGCC 项目准备在 250 MW IGCC 机组上安装 8 万～10 万 t/a 的燃烧前捕集 CO$_2$ 设备。华中科技大学近年来开展了 30 MW 富氧燃烧技术研究和中试实验。并且，我国还开展了 CO$_2$ 驱油与封存先导试验，累积注入 CO$_2$ 超过 12 万 t；启动了 10 万 t/a 陆上咸水层 CO$_2$ 封存示范。

我国 CCS 示范面临的问题主要有：作为低碳技术之一，缺乏相关政策配套和规划，发展无序；没有克服能耗、成本高的技术障碍，难以做到规模化推广；没有经过规模放大验证，技术可靠性还有待检验；由于 CCS 示范项目的各环节可能牵涉电厂、化工厂、管道运输公司、油田等多个利益相关方，整个示范项目的协调尤为重要，而目前各环节的利益相关方一般相互独立，缺乏有效的协调机制去引导合作。

96. 我国存在哪些 CCS 示范的早期机会？

对高浓度 CO$_2$ 排放源（如煤化工或天然气加工）而言，结合 CO$_2$ 利用技术（如 CO$_2$-EOR），适合开展 CCS 负成本早期示范以累积经验。

97. 我国实施 CCS 早期示范的重点地域有哪些？

我国实施 CCS 早期示范的重点地域应该具备高浓度的 CO$_2$ 排放源，以及在排放源周边具有合适的 CO$_2$ 封存地，尤其是适合 CO$_2$-EOR 和 CO$_2$-ECBM 的地点。根据初步源汇匹配结果，陕西、内蒙古等地区由于具备较多的煤化工厂和天然气加工厂，而且具备良好的 CO$_2$ 封存条件，因此适合开展 CCS 早期示范。

98. CO$_2$ 捕集的实施流程是什么？

CO$_2$ 捕集的实施流程依次为：捕集地的选址（包含行业、CO$_2$ 排放量、环境政策与保护、源汇匹配选择等诸多考虑）、捕集装置的建设、捕集设备的运行和维护、捕集设备的关闭。

99. CO_2 运输的实施流程是什么？

CO_2 运输的实施流程依次为：管道和管网的设计（包含运输流量、管径、流速、路线选择、管网设计等）、管道和管网的建设（含管线、中间泵站、中转站等建设）、管道的运行和监测、管道的维护。

100. 封存的实施流程是什么？

封存的实施流程依次为：封存地的选址（包含封存地容量、源汇匹配等）、封存注入设备的建设（诸如压缩机、注入井、油气分离装置、监测系统等）、封存项目的运行、项目关闭、项目关闭后的管理（持续监测等）。